企业环境管理会计理论与实务研究

Research on Enterprise Environmental
Management Accounting Theory and Application

杨美丽　李永珍　著

西南财经大学出版社
Southwestern University of Finance & Economics Press

中国·成都

图书在版编目(CIP)数据

企业环境管理会计理论与实务研究/杨美丽,李永珍著.
—成都:西南财经大学出版社,2019.12
ISBN 978-7-5504-4197-2

Ⅰ.①企… Ⅱ.①杨…②李… Ⅲ.①企业环境管理—环境
会计—研究 Ⅳ.①X322②X196

中国版本图书馆 CIP 数据核字(2019)第 244243 号

企业环境管理会计理论与实务研究
QIYE HUANJINGGUANLIKUAIJI LILUN YU SHIWU YANJIU
杨美丽 李永珍 著

责任编辑	王利
封面设计	张姗姗
责任印制	朱曼丽
出版发行	西南财经大学出版社(四川省成都市光华村街55号)
网 址	http://www.bookcj.com
电子邮件	bookcj@foxmail.com
邮政编码	610074
电 话	028-87353785
照 排	四川胜翔数码印务设计有限公司
印 刷	郫县犀浦印刷厂
成品尺寸	148mm×210mm
印 张	7.625
字 数	189 千字
版 次	2019 年 12 月第 1 版
印 次	2019 年 12 月第 1 次印刷
书 号	ISBN 978-7-5504-4197-2
定 价	88.00 元

前　言

自进入工业文明时代以来，人类对自然环境的改变及对资源的开发与利用不断加剧，经济得以飞速发展。但同时，这也对人们赖以生存的自然环境造成了严重的破坏和污染。西方发达国家自 20 世纪 60~70 年代开始重视环境污染和保护问题，1972 年 6 月 5 日，联合国人类环境会议在瑞典首都斯德哥尔摩召开，会议通过了《人类环境宣言》，并提出将每年的 6 月 5 日定为"世界环境日"。同年 10 月，第 27 届联合国大会通过决议，接受了该建议。世界环境日的确立，反映了世界各国人民对环境问题的认识和态度，表达了我们人类对美好环境的向往和追求。

我国多年的高速经济增长伴随着巨大的生态环境污染与耗费。改革开放 40 年来，我国在经济领域取得了令世界瞩目的成绩，但基本上遵循了"先污染后治理"的发展模式。国家对环境保护问题非常重视，环境保护已经成为一项基本国策，环境保护方面的法律及相关制度不断完善，国家逐步建立并完善了环境污染的问责机制，加大了资源核算研究方面的投入，加大了对污染环境者的处罚力度。

本项研究立足于经济学、管理学视角，重点对环境管理所涉及的环境伦理、环境管理与企业价值关系、环保投资、环境管理会计等领域相关内容进行了研究。具体来讲：第一章主要从经济学、管理学理论角度阐述环境管理的重要意义及相关的理论基础；第二章从伦理学角度论述当今企业环境管理面临的环境挑战以及企业伦理困境与选择；第三章研究企业环境管理如何影响企业价值，有助于企业了解环境管理的驱动机制，明确环境管理战略，积极主动应对环境挑战，提高环境管理能力；第四章从环境成本角度研究企业环境成本管理核算、控制的方法，结合实际情况进行了调研，并进行了个案分析；第五章从国际借鉴视角论述美国、日本、英国、新西兰的环境管理应用状况；第六章对环境绩效评价相关理论与方法进行系统研究，重点介绍了平衡计分卡的应用问题；第七章重点梳理了环保性投资决策理论与方法并举例说明了实物期权方法的应用，运用历史数据对环保性投资效率进行了较详细的分析；第八章对部分企业的环境管理会计应用状况进行了调查研究；第九章阐述了我国环境管理会计应用所面临的限制条件；第十章对我国和其他国家的环境会计信息披露制度进行了比较；第十一章提出了我国推广环境管理会计研究及应用的建议。

　　本书的写作，由于种种原因多次中断，很庆幸能最终成稿，本书就像一个艰难孕育而成的生命体。但书中难免存在不当之处，敬请各位同行批评指正。

杨美丽

2019 年 10 月

目　录

1 绪论

　　自从改革开放以来，我国经济取得了飞速发展，但是我们也应该看到，在片面追求经济发展的同时，我们所付出的资源消耗和环境污染的代价是巨大的。随着经济发展与环境之间的矛盾不断加剧，各种环境问题层出不穷，环境污染和生态破坏已严重危及人类自身的生存与发展。自从 1972 年联合国人类环境研讨会首次提出可持续发展的概念以来，我国逐渐开始重视环境保护工作。我国于 1996 年提出了可持续发展的基本国策，2006 年胡锦涛总书记首次提出了要努力建设环境友好型社会。2005 年 8 月 15 日，时任浙江省委书记的习近平同志在浙江湖州安吉考察时，首次提出了"绿水青山就是金山银山"的科学论断。党的十八大召开以来，习近平一直强调生态环境保护要"算大账、算长远账、算整体账、算综合账"。他明确指出"绝不能以牺牲生态环境为代价换取经济的一时发展"，多次提出"既要金山银山，又要绿水青山""绿水青山就是金山银山"。

1.1　问题的提出

　　环境会计（Environment Accounting），也有学者称之为绿色会计（Green Accounting），是指以自然环境资源和社会环境资源耗费应如何补偿为中心而展开的会计。换句话讲，是指主要以价值的形式，对环境及其变化进行确认、计量、披露、分析、预测、决策、预算、业绩考评以及可持续发展研究，以便为决策者提供环境信息的一种会计理论和方法。绿色会计产生的原因在于生态环境的日益恶化。自18世纪60年代产业革命发生，到20世纪30年代进入新技术革命时期，再到20世纪70年代的高新技术时期，人类在文明的进程中创造了奇迹，同时也引发了令各国感到十分棘手的社会问题。"经济之发展与环境之恶化犹如双面镜，一面显现出现代经济社会歌舞升平的繁荣景象，而另一面却照出了人类文明的病态"（郭道扬，1997）。这种文明的缺陷即是人类处在一种"灰色"和"绿色"的矛盾之中。为了解决这个矛盾，自20世纪60年代末70年代初开始，西方经济学家、环境学家、社会学家、生态学家等都着手讨论经济与环境的协调发展问题，以实现绿色回归，开辟一条绿色经济之路，并且呼吁全世界的人都来向环境宣战。到20世纪90年代初，学术界产生了"绿色会计理论"（Green Accounting Theory）的研究浪潮，随之而来的是"绿色审计"的暖流。这一系列的理论研究都围绕着如何把生态环境与产品生产资源耗费的计量与管理结合起来，即如何有效地监督绿色工程的问题。对这些环境问题的研究，相对于会计学科来讲，在我国仍旧属于一个新兴的、边缘性的小众科学。

本研究正是本着会计学科所具有的包容性来讨论"环境"与"会计"的有机结合，以求构建一种适应市场经济建设需要的环境会计理论体系。绿色会计的理论问题应该是站在会计的角度来看待绿色问题、环境问题，因而绿色会计自然是用会计的思想体系和方法体系去分析和思考，以便解决发展市场与维护生态环境之间的几个矛盾。

1.2 环境管理相关理论研究

环境（Environment）是指主体周围的条件。对不同的对象和科学学科来说，环境的内容不同。对生物学来说，环境是指某种生物所生活的地方周围的气候、生态系统、周围群体和其他种群；对文学、历史和社会科学来说，环境是指具体的人所生活的地方周围的情况和条件；对建筑学来说，环境是指室内条件和建筑物周围的景观条件；对企业和管理学来说，环境是指社会和心理的条件，如工作环境等；对热力学来说，环境是指向所研究的系统提供热或从中吸收热的周围所有物体；对化学或生物化学来说，环境是指发生化学反应的溶液；对计算机科学来说，环境多指操作环境，例如编辑环境，即编辑程序、代码等时由任务窗口（界面、窗口、工具栏、标题栏）、文档等构成的系统，例如 ACCESS 中 Visual Basic 编辑环境是由 Visual Basic 编辑器、工程窗口、标准工具栏、属性窗口和代码窗口以及一些程序文档构成的；从环境保护的宏观角度来说，环境就是这个人类的家园——地球。《中华人民共和国环境保护法》定义的环境，是指影响人类生存和发展的各种天然的和经过人工改造的自然因素的总体，包括大气、水、海洋、土地、矿藏、森林、草原、野生生物、自然遗迹、人文遗迹、风景名胜区、自然保护区、城市和乡村等。本书所研究的环境就是指人类生存和发展所依赖的、与《中华人民共和国环境保护法》所指相一致的环境范畴。

1.2.1 环境伦理理论

"伦理"一词原本用来描述人与人之间的社会关系法则，随着环境问题的日益加剧，人类对生态文明发展的重视程度日益加深，人们逐渐开始进行人类活动与生态文明之间关系的反思，形成了环境伦理的概念。环境伦理将人与环境的关系引入某种秩序和法则中，用于约束人类行为，从而建立一种观念和规范，形成协调人与自然的一种伦理道德。由此可见，环境伦理是建立在理性人的基础之上的，以人类自觉性和社会理性为根本前提。环境伦理现在已经成为一门学科，专门研究人类和自然的一种行为关系，它旨在确定正确的人与环境相处的方式、合理的人文主义行为以及人在自然界中应该担负的责任。环境伦理学主张，人类和自然同处平等的地位，但两者并不是孤立的两个系统，而是相互作用、相互联系的，共同存在于一个生物圈内，两方需和谐共处，而不能只是以人类为中心。自然环境的价值不言而喻，人类必须肩负起恢复生态原貌的责任，所有人类对自然的恶意索取都应受到舆论的谴责，同时应当付出额外的代价。

环境伦理在西方发达国家的发展已经相对成熟，主要经历了四个阶段的发展过程。首次将环境与人文联系到一起的是澳大利亚著名环境保护主义者约翰·锡德，他提出了具有前沿性的"人类中心理论"，该理论在环境伦理学中的主要观点是所有自然存在物都应该以人为中心，人具备衡量其他一切事物价值的能力，除了人之外的任何事物都是人类的附属品，只具备使用价值而没有内在价值，是自然给予人类的馈赠。该观点对于环境的态度就是以人类的根本利益为标的，忽略了人类对自然应该承担的义务，即便人类履行了环境道德责任，也是间接地为人类自身谋取福祉，而不是因为真正认识到了自然的价值。在经历数年的理论发展之后，澳大利亚思想家彼得·辛格作为一名动物解放论者提出了有关动物地位的说法即"动物权利论"，他认为动物也是应该具有道德地位的，毕竟它们是物种的重要组成部分，是具备生命的个体，应当受到尊重和伦理关怀。在此基础之上，有国外学者提出了"生物中心论"，强调世间所有的生物都是平等的，社会应该主张生物平等主义。施怀泽提出敬畏生命的伦理理念，认为宇宙中的任何有机体都具备与生俱来的天赋价值，彼此应该建立一种精神关系，相互尊重、形成信任。科学管理之父泰勒认为我们应当尊重大自然，所有的生命都值得给予精神上的关心与照顾，这是对主体最基本的道德关怀，对待自然最合适的态度就是尊重。最高层次的西方环境伦理观是"生态中心论"，它将人类与世间万物都统一在一套系统范围内，即生物圈和生态系统，所有的过程都可以内部化，是整体与部分的体现。

中国自古代起便有深厚的生态智慧，为我国现代发展环境伦理提供了精神依据。在我国传统文化的渊源中，人类和环境的相互联系通常被称为"天人关系"。首先是儒家的环境伦理意识，其倡导"以人为本"，主要关注点是人的存在，但同时也承认人对社会环境的依赖，主张"人为万物之灵，尽人事以与天地参""仁者以天地万物为一体，一荣俱荣，一损俱损"。人类要尊重自然，是基于尊重自我的本源，人道胜于天道。其次是道家的生态学说智慧，其哲学体系围绕"道"展开，涵盖了人与自然的关系，以老子和庄子的基本理论为代表，认为万物皆来源于"道"，所谓的"道生一，一生二，二生三，三生万物"便是道的存在价值。老子曾经也提出"人法地，地法天，天法道，道法自然"的观点。最后是我国佛学的"尊重生命"的博爱精神。佛家思想以慈悲为怀，认为人和自然都是有生命的，是生态系统中不可分割的一部分。佛教主张众生平等，生命轮回，要求人类善待万物和尊重生命。

1.2.2　外部性理论

如果一个经济主体的行为对另一个经济主体的福利产生了影响，而这种影响没有从货币或市场交易中反映出来，就会出现外部性。比如上游的企业随意排放污水，影响下游居民的生活用水，则是外部不经济性的一个例子。将外部不经济内部化的主要办法就是对企业的排污行为进行收费甚至罚款，这已经被许多国家的政府采纳，并得到实施。外部性理论要求国家制定相应法规来规范企业行为，使其承担社会成本，督促其实行环境管理会计。外部性理论的发展史相对来说不算长，其理论体系尚不够完善，但在环境问题演化为全球最受关注的热点问题的今天，外部性作为产生环境问题的主要原因之一依然被经济学家和社会学家大量讨论，关于外部性定义的问题在经济学领域中也是百家争鸣，尚无定论。简单来说，外部性就是实际经济活动中，生产者或消费者的活动对其他消费者或生产者产生的超越活动本身的相关特性。这个概念说明，一个人或一群人的行动和决策会让另一个人或另一群人受损或受益，企业或其他主体在进行经济活动时应考虑其对社会或外界的外部性影响。

外部性概念最早是由英国剑桥大学的马歇尔和庇古在 20 世纪初提出的。1890 年，马歇尔在《经济学原理》一书中首次提出了"外部经济"的概念，这是外部性的前沿性理论。外部经济是指从行业的角度来看，当整个行业或者某个产业的产量由于某种原因而整体增加时，行业中各个企业的平均生产成本会随之下降，从而会产生更多利润，企业享受了外部经济的效益。这也是规模经济的一种现象。之后该理论在经济思想史上受到广泛关注，马歇尔的学生庇古继续对经济的外部性进行了探究，他认为外部性是指一个经济主体在自身的活动之外对其他无关者产生了影响，并为其带来收益或损失。这种影响是自发的，并不能由主体来承担责任。这种市场失灵现象和非市场性的附带影响，背离了当时的学术理论，庇古认为应当由政府进行干预，采取适当的财政政策对其进行消除，比如通过征税或补贴的方式，实现对外部性的抵消，将该影响变成内部化效应，"庇古税"由此而生。在此之后仍有许多学者给出了关于外部性含义的不同定义，如两位著名的美国经济学家萨缪尔森和诺德豪斯，他们认为外部性就是生产和消费活动对其他利益团体造成不用补偿的损失和无须回报的收益的现象。美国哲学家兰德尔给外部性的定义是一种决策失灵，即一个团体的行为所产生的成本或效益不在管理决策者的预测范围内，也是管理者无法控制的行为影响，其可能对他人造成额外的效益或无法预测的损失成本等，但这对决策者一方并无本质的影响。

外部性分为正外部性（又称外部经济）和负外部性（又称外部不经济）。正外部性是指某个主体的经济活动对其他主体造成有利影响或使之受益，但受益者并不用付出成本或花费任何代价的现象，是微观主体对宏观主体产生的积极影响。如富人修路后穷人也可以跟着享受路途的方便。负外部性是指一个主体的生产或消费给他人带来了损失或额外的费用成本，但他人又不能得到主体补偿的现象。一般情况下生产或消费活动越多，外部不经济的影响越明显，它是微观主体通过自己的活动给其他群体所处的环境带来的消极影响。如企业随意排放污染性气体会使得该地区居民深受其害，生活质量下降。

本书所涉及的外部性主要是负外部性，环境污染问题是最典型的负外部性问题，这也是我国制定环境法的理论依据之一。企业以追求最大利润为目的，其生产经营活动必定会对环境造成影响，而且必然是需要人们付出成本的负面影响。在一些群体环境意识薄弱的地区，企业并没能很好地承担起环境责任，这是典型的外部不经济。企业的废弃物排放、大型机器设备产生的噪声污染、对自然资源的过度开采和消耗等，都已经造成了生态环境日益恶化、地球资源枯竭、温室效应加重、土地盐碱化或沙漠化等问题，使人类的生存和发展受到严重威胁。因此我国政府应该重视企业对环境产生的负外部性影响，将外部性效应内部化。

将环境的外部不经济性内部化的方法主要有四种：一是直接管制，即政府通过制定相关的法律条文进行强制性要求，直接规定相关活动者产生外部不经济行为的允许数量和行为方式，以达到减少污染的目的。二是对财产或权益损失进行直接赔偿。该方法已经被发达国家广泛用于环境管理，因为环境资源是国家公有的，国家有权要求造成损失的责任方进行经济补偿。三是进行排污权的交易，将排污权当做商品卖给出价最高的企业投标者，作为企业外部性行为的成本，政府给予其排污许可。四是通过其他非市场化的手段，如使用权收费、管理收费、押金制以及补助金制度等其他办法。

1.2.3 环境资源价值理论

多年以前，由于科技水平的限制或由于对环境资源的认知不够深刻，人们对自然资源的开发和利用程度还不高，那时，每个人都可以不需要支付任何费用，就能任意地使用自然界的水资源、土地资源，或是去开采自然界的矿产资源、森林资源等。这些资源的获得不需要付出一定的劳动，所以人们形成了一种认识误区——大自然的各种资源是取之不尽、用之不竭的。在这种价值理论的影响下，许多企业在经营过程中，为了追求自己经济利益的最大化，不顾生态环境的变化，盲目开采、乱砍滥伐，对环境造成了严重的损害。然而，纵观近些年来我们周围环境的变化，不难发现，大自然正在用另一种方式间接地惩罚着我们的自私行为，例如，时常发生的沙尘暴、雾霾天气不仅危害我们的健康，也在一定程度上阻碍了经济社会的可持续发展。

然而，环境价值理论认为，我们在自然界获取的资源是有价值的。当企业排放的污染物、废弃物过多，超出了环境的自我净化能力时，环境负荷过重，就会表现出一定程度的污染。我们为了改善恶化的环境或者使原有的环境质量保持不变，就必然要采取一定的措施，要么改进原有的生产模式，要么支付费用来治理我们的环境。企业在进行成本核算时也应当充分考虑环境资源的补偿成本，对其进行合理的归集与分摊，计入企业的产品成本。作为国民财富的一部分，环境资源天然地具有使用价值。

按照 N. 巴本的观点，一切物品的价值都来自它们的效用能满足人类天生的欲望，无用之物没有价值。效用价值理论认为一切生产都是创造效用的过程，但人们获得效用并不一定非要通过生产，完全可以通过大自然的赐予而获得。

环境资源因为稀缺性而具有稀缺价值，由于供给不足而稀缺，由于稀缺而升值。环境资源甚至因为其开发与利用过程中必然形成垄断性权属关系而具有垄断价值。以水资源与水环境为例，饮用、灌溉和航运构成其直接使用价值，其间接使用价值包括生态服务、环境美学以及未来的潜在功能。

环境资源价值理论要求企业重视周围环境的改善，将环境资源作为企业的一项重要资源来对待，从而迫切要求企业在运营活动中重视对环境的保护，节约资源，进行环境成本核算及环境保护决策。

1.2.4 可持续发展理论

可持续发展理论是人类社会进步发展到一定时期的产物，

它主要反映了发展中人类与自然环境的依存关系。可持续发展的观点最早是在 1987 年世界环境与发展委员会做出的《我们共同的未来》这一报告中提出来的。报告认为可持续发展就是在保护环境的前提下，既满足当代人的需求，又不对后代人满足其需求的能力造成损害的发展模式。其实早在我国古代，我们的老祖先就在用行动诠释着可持续发展的理念，例如，流传下来的"不打三月鸟，不食四月鱼"的谚语。2016 年，联合国正式确立了 2030 年的可持续发展目标，新的可持续改革议程也更加注重经济、社会与环境三者的协调发展，经济发展、社会进步和环境保护同等重要，而环境保护又为其他两者的可持续发展提供了物质前提。

经济的发展必然伴随着环境资源的消耗，也必然造成一定程度的环境损害，而随着工业化进程的推进，产生工业废气、废水、噪音等的现象会不断增多，对环境造成的危害也会逐步加大。要想确保国家的持续繁荣、企业的长久发展和人民生活质量的不断改善，走可持续发展的道路，坚持绿色发展理念是唯一的途径。我国政府已经提出把新议程中的可持续发展目标落实到"十三五"规划之中，毫不动摇地坚持可持续发展理念，这就对企业的生产和管理方面提出了更高的要求。企业是国家发展、社会进步的重要力量，企业的生产运作、生存与发展要消耗环境资源，其排放的污染物在全部污染物中占绝大部分。企业的发展推动着国家的前进，更影响着环境的变化，因此要求企业在发展的同时，要承担起应有的环保责任，一定要把环境资源成本纳入成本核算体系，企业对环境造成损害就要给予一定的补偿。显然，可持续发展理论是我们考虑环境资源保护的前提，更是我们核算环境成本的理论基础。可持续发展的概念来源于生态学，是对资源的一种管理战略，最初被应用于林业和渔业。经济学家在 19 世纪对林业的研究和 20 世纪对渔业的研究中最早使用了可持续产量（由可再生资源的一定的最优存量而得）的概念，而后其应用范围被逐渐扩大。1980 年，国际自然保护同盟（UICN）在世界野生生物基金会（WWF）的支持下制定和发布的《世界自然保护战略》中，首次提出了可持续发展的概念："发展和保护环境对我们的生存，对我们履行作为后代自然资源托管人的责任是同等必要的。"该同盟在 1981 年推出的《保护地球——可持续生存战略》这个文件中，对可持续发展概念做了进一步的阐述。文件指出，可持续发展是"持续提升人类的生活质量，同时不超过支持发展的生态系统的负荷能力"。1983 年，联合国成立世界环境与发展委员会（WCED），由挪威前首相 G. H. 布伦特兰夫人任主席，开始制定以"可持续发展"为纲领的全球变革日程。1987 年，该组织向第 42 届联合国大会提交了《我们共同的未来》的报告。报告多次强调了可持续发展的概念，其定义是："在不对后代人满足其自身需求的能力构成危害的前提下满足当代人的需求的发展。"该报告将可持续发展归纳为三个方面的内容：生态可持续、经济可持续和社会可持续。

可持续发展理论指出环境问题既是经济问题，也是社会问题。环境问题的解决，需要从宏观和微观两方面与经济政策和经营决策相结合。就宏观而言，政府要通过制定各种法律、政策，采取经济刺激手段，规范社会成员的活动，引导其向可持续发展目标努力。就微观而言，社会成员包括企业和社会公众，则要在宏观政策的约束下，通过调节自身的行为和决策，促进社会经济可持续发展。理论上的研究促进了环境保护运动如火如荼地开展。

1.2.5 社会责任理论

早在 20 世纪上半叶，伴随着工业革命的深入推进，现代社会责任理论诞生了，O. Sheldon（1924）第一次从学术的角度解释了"企业社会责任"，他将企业为了满足内外各种人群的需求而承担相应责任的行为定义为企业社会责任。他还认为，企业的道德水平对其履行社会责任的水平起着决定性作用，是企业社会责任最重要的影响因素。① Davis（1960）认为权责统一，二者相辅相成，这个观点也被称为"责任铁律"。Davis 强调企业在生产经营过程中，不仅要积极回应经济要求，更要积极回应超出经营范围之外的要求，这样企业才能获得经济与社会的双盈利。② Archie B. Carroll（1979）则认为社会责任的本质就是社会公众一定时期内对企业关于经济、法律、环境、慈善和道德的期望。Andrews（1985）对社会责任的概念提出了自己的看法，认为企业社会责任指的是企业自愿放弃追求最大利益的机会，或企业将其力量集中在某些目标上时，社会为其经济行为所付出的代价——从经济学的角度来看，这些目标是不合理的，但是从社会期望的角度来看，这些目标却更符合要求。③ Harold Koontz 和 Heinz Weihrich（1998）在《管理学》一书中提出企业社会责任是指企业的经营者在生产经营过程中要充分考虑公司的每个行为对社会所造成的影响。④

随着经济全球化进程的加速，越来越多的国家和企业日益重视自己在社会中所承担的责任。就企业自身来说，企业并不是孤立存在的，它是社会中的企业，是社会的重要组成部分，

---

① O SHELDON. The philosophy of management［M］. New York：Arno Press，1979.

② K DAVIS. Can business afford to ignore corporate social responsibilities?［J］. California Management Review, 1960, 2（3）：70-76.

③ R A KENNETH. 哈佛管理论文集［M］. 孟光裕，等译. 北京：中国社会科学出版社，1985.

④ 哈罗德·孔茨. 管理学［M］. 张晓君，译. 北京：经济科学出版社，1998.

企业的存在和发展与社会的进步息息相关。企业在改革与发展的进程中，不仅要关注自身的利益，更要注重自身在发展中对社会、对个人有什么影响，是否能与社会、与个人共同进步。也就是说，企业在其生产运作进程中，既要满足企业自身的需求，同时也要对其赖以生存和发展的环境和社会负责。

仲大军（2002）指出社会责任应包括两个方面：其一是企业应当以实现股东财富最大化为目标，履行对股东的责任；其二是企业要对全社会履行责任，其中包括经济责任、文化责任和环境责任等。[①] 卢代富（2002）则认为社会责任应该包括企业对职工、消费者、所有者、债权人和所处环境的责任，企业应带动地方经济发展，助力社会慈善事业。[②] 李文川等（2007）认为现代企业生存和发展的目的正在发生变化，企业不再是过去计划经济体制下的任务完成者，而是应该去满足整个社会日益增长的各方面需求，充分履行自身所承担的社会责任。[③] 国有企业是我国经济体制的中坚力量，更应该在履行社会责任方面充当先锋队。王敏、李伟阳（2008）以中央直属企业为研究对象，阐述了我国企业履行社会责任的现状，并提出中央直属企业应该成为履行社会责任的引领者：在法律层面，要在生产经营活动中遵守法律法规；在经济层面，要保证国有资本稳中有进，确保领域内的可持续发展；在安全层面，要确保提供安全的生产环境和产品；在员工层面，必须保障员工合理的薪酬待遇和公平顺畅的晋升渠道。在做到以上方面的同时，中央直属

[①] 仲大军. 当前中国企业的社会责任 [J]. 中国经济快讯，2002（38）：26-27.

[②] 卢代富. 企业社会责任的经济学与法学分析 [M]. 北京：法律出版社，2002.

[③] 李文川，卢勇，张群祥. 西方企业社会责任研究对我国的启示 [J]. 改革与战略，2007（2）：109-112.

企业还要注重宣传和贯彻、落实、执行党的政策、方针，发挥好带头作用。① 豆旺（2014）从石油化工企业履行社会责任的现状出发，分析了石油企业公益化的特点，并提出石油企业公益化改革的要求，包括政府引导、完善治理模式、树立公益化观念、加强监督等。② 槐波娟（2014）以利益相关者理论作为入手点，探讨了企业治理结构对企业履行社会责任情况的影响程度，并据此提出企业治理结构改善的合理建议，为企业更好地履行社会责任指明了方向。③ 乔永波（2015）通过对开始指标的选择和指标体系的完善，建立了企业环保工作评价体系。该评价体系反映了企业社会环境责任的经济效益和社会效益的双重性。④ 马绮雯（2015）立足于社会责任环境下创造企业价值的五个层面，从企业的财务目标转变、财务政策创新、财务治理机制改革以及财务管理战略升级四个方面对企业财务管理模式的创新进行了探讨。⑤

环境成本作为社会责任会计中社会成本的一个重要组成部分，反映了企业在承担与环境问题相关的社会责任时所消耗的自然资源成本和污染治理费用，也只有将企业理应承担的环境责任量化，才能使其真正承担起社会责任。这一理念也体现了企业在生存发展过程中的社会责任，企业进行环境成本核算时

---

① 王敏，李伟阳. 中央企业社会责任内容的三层次研究 [J]. 财政监督，2008（6）：14-15.

② 豆旺. 石油企业社会责任公益化改革探讨 [J]. 企业改革与管理，2014（9）：140-141.

③ 槐波娟. 浅析公司治理对公司社会责任的影响 [J]. 商，2014（11）：29.

④ 乔永波. 环境会计信息披露与公司绩效实证研究 [J]. 科技管理研究，2015（18）：48-50.

⑤ 马绮雯. 企业社会责任与财务管理模式创新 [J]. 中国商贸，2015（4）：28-30.

必须要遵循社会责任理论。

1.2.6 碳排放权交易理论

在低碳经济的大环境下，碳排放权交易问题也被越来越多的学者所重视。但关于碳排放权交易的理论研究实际上是近几十年才陆续开始的。Montgomery（1972）认为建设碳排放权交易市场是抑制污染的重要手段，该市场能有效减少温室气体的排放，加快用产权交易手段解决污染问题的步伐。[①] Stern（2006）指出全球变暖的罪魁祸首——温室气体是随人类活动的增加而增加的，而由此导致的后果将使人类在未来面临严峻挑战。Stern 还指出控制温室气体需要国际社会的合作，需要所有国家达成减排行动的共识。Stern 特别重视碳排放权交易的作用，认为其是温室气体减排的最重要手段，他对碳排放权交易体制的推广做出了重大贡献。[②] 荷兰人 Michael Faure 和 Marjan Peeters（2009）从经济学和法学的角度，阐明了温室气体排放权交易的立法选择，从经济和法律视角综合分析了碳排放权交易的政治意义和发展趋势。[③] Meteetal（2010）认为应该通过市场实现碳排放权资源的有效配置。[④] Kijimaetal（2010）从宏观角度阐述

① W D MONTGOMERY. Markets in licenses and efficient pollution control programs [J]. Journal of Economic Theory, 1972 (5)：395-418.

② N STERN. The Economics of Climate Change：Stern Review [M]. Cambridge, UK：Cambridge University Press, 2006.

③ 迈克尔·福尔，麦金·皮特斯. 气候变化与欧洲排放交易理论与实践 [M]. 鞠美庭，等译. 北京：化学工业出版社，2011.

④ P METE, C DICK, L MOERMAN. Creating institutional meaning：Accounting and taxation law perspectives of carbon permits [J]. Critical Perspectives on Accounting, 2010 (21)：619-630.

了碳排放权交易市场的理想市场形态。① Davis 和 Muehlegger（2010）认为应该采用增加污染企业的税负或类似办法去削弱环境影响的外部性。② Moore（2010）展望了碳排放权交易市场的发展趋势，并阐释了碳排放权交易系统的含义、价值及其产生的必然性。③ Davies Graeme（2011）从微观经济学角度分析了碳排放权交易对于公司运营的重大影响，公司间可通过交易碳排放权实现资产转移，从而论述了碳金融和碳信用的原理和前景。④ Hannes Schwaiger 和 Andreas Tuerk（2011）展望了欧洲碳排放权交易市场在未来的发展方向，论述了欧盟碳排放权交易市场对新能源产业的影响，预测了碳排放权价格的上升趋势，并指出欧盟碳排放权交易机制的关键是严格科学的总量限制。⑤ Markus Wrake 和 Dallas Burtraw（2012）高度评价了碳排放权交易机制在短期内发展为一个规模较大的碳排放权交易体系所取得的成就，重点分析了分配计划、与国际排放交易市场的链接等问题，并提出在未来十年碳排放权交易应在分配比例等方面

① M KIJIMA, A MAEDA, K NISHIDE. Equilibrium pricing of contingent claims in tradable permit markets [J]. The Journal of Futures Markets, 2010 (30): 559-589.

② L W DAVIS, E MUEHLEGGER. Do Americans consume too little natural gas? An empirical test of marginal cost pricing [J]. RAND Journal of Economics, 2010 (41): 791-810.

③ D MOORE. Structuration theory: The contribution of Norman Macintosh and its application to emissions trading [J]. Critical Perspectives on Accounting, 2010 (6): 1-16.

④ DAVIES, GRAEME. Trading Emissions talks progress, Investors Chronicle, 2011 (3).

⑤ HANNES SCHWAIGER, ANDREAS TUERK. The future European Emission Trading Scheme and its impact on biomass use [J]. Biomass and Bioenergy, 2012 (38).

进行适当调整，可以考虑提高拍卖的比例。[①]

1.3　环境会计相关研究

　　学术界在近几十年才开始对环境会计理论进行研究，最早大约在 20 世纪 70 年代有人开始关注这个问题，其主要由加拿大、日本、美国和荷兰等发达国家的高校及相关社会组织率先提出并进行研究。在此后短短几年内，美国的 FASB（财务会计准则委员会）第 5 号准则报告中的"或有负债会计"、第 14 号解释报告中的"合理估算损失价值"、紧急问题工作组公告中的"清理石棉发生成本的会计处理"和"环境负债会计"等内容都对环境会计的概念进行了规范。与此同时，CICA（加拿大特许会计师协会）出台的《环境成本与负债：会计与财务报告问题》和《环境绩效报告》也是关于环境会计理论研究的重要成果。1991 年的联合国国际会计和公告的政府间第九届会议上，专家组针对环境会计及其相关问题进行了深入探讨，探讨的内容主要包含了环境问题的类型、改善方式、支出和环境或有负债等。在 1998 年 2 月的第十五届会议上，各成员表决通过了《企业环境会计和报告》。1999 年，日本发表了一篇关于环境会计工作具体实施的研究报告《构筑环境会计的概念框架》，旨在提供更加清晰的环境会计工作开展思路；而在 2000 年发布的《企业环境指标评价准则》又把其指标体系进一步分成了环境成本指标和环境管理指标两个部分，再一次大大推进了环境会计

---

① MARKUS WRAKE, DALLAS BURTRAW. What Have We Learnt from the European Union's Emissions Trading System ［J］. AMBIO: A Journal of the Human Environment, 2012（41）.

1　绪论 ┊ 17

理论的发展。

Ball（2007）巧妙运用了 Zald et al. 试验的假设来研究环境会计的实施方法，第一次从社会运动视角去研究环境会计，使企业能够更好地运用环境会计理论解决相关问题，大大促进了环境会计理论的社会变革，同时也让环境问题拥有了更高的社会关注度。[①] Lohmann（2009）采用案例的形式对《京都协定书》中成本收益原则和碳会计的应用进行了讨论，使得碳会计技术更加具体。[②] Solomon Thomson（2009）的研究表明环境会计理论框架的本质是一个被用来衡量环境效率和社会效率的系统。[③] Schaltegger Burritt（2010）首次提出了"可持续会计（Sustainability Accounting）"的概念，同时指出可持续会计为保持生态平衡服务，是会计发展的必然趋势，是协调经济与环境和谐发展的必经之路。[④]

国内对环境会计理论的研究工作主要从其定义、目标、对象、要素等方面展开。钟卫稼（2011）提出环境会计以环境保护和资源耗费的补偿为重点，在经营活动中能为决策者提供必要的环境信息，是可持续发展的必然选择。[⑤] 王巍（2011）探讨了环境会计的确认和计量，提出了低碳经济模式下环境会计

① A BALL. Environmental accounting as workplace activism [J]. Critical Perspectives on Accounting, 2007 (18)：759-778.

② L LOHMANN. Toward a different debate in environmental accounting：The cases of carbon and cost - benefit [J]. Accounting, Organizations and Society, 2009 (34)：499-534.

③ J F SOLOMON, I THOMSON. Satanic Mills? An illustration of Victorian external environmental accounting [J]. Accounting Forum, 2009 (33)：74-87.

④ S STEFAN, R L BURRITT. Sustainability accounting for companies：Catchphrase or decision support for business leaders? [J]. Journal of World Business, 2010 (45)：375-384.

⑤ 钟卫稼. 关于环境会计与低碳经济发展的思考 [J]. 财会通讯, 2011 (24)：22-25.

工作容易发生的问题、原因及其对策。① 黄霞（2011）提出我国对企业的环境绩效监督不力，主要原因是尚未形成完善的环境绩效评价体系。② 周守华等（2012）从成本管理和社会学方面评述了整个国际学术界近期在环境会计理论研究上的最新收获。③ 张天力（2012）论述了环境会计确认的方式，然后对环境会计的资产和负债、收入和成本的确认条件和方法进行了深入的对比分析④。谭帅（2012）则提出在我国当前的法制环境下，环境会计信息披露内容不完整、披露形式不规范，缺乏横向和纵向的可比性等问题。⑤ 原先杰、于兆河（2012）着眼于低碳经济大环境，尝试建立环境会计核算框架，对企业环境信息披露模式进行了探讨。⑥ 殷爱贞、胡婧（2012）通过分析环境资产、环境负债、环境成本、环境损益等概念，提出了更加科学的环境会计核算方法。⑦ 王泽淳（2012）指出我国环境会计的理论和实践发展滞后，环境管理体系亟待完善，我国应建立健全环境法律法规，深化与国际社会先进群体的交流与合作，

① 王巍. 低碳经济视角下我国环境会计问题研究 [D]. 大连：东北财经大学，2011.

② 黄霞. 环境会计准则下企业环境绩效评价研究 [D]. 成都：成都理工大学，2011.

③ 周守华，陶春华. 环境会计：理论综述与启示 [J]. 会计研究，2012（2）：3-10.

④ 张天力. 环境会计确认和计量研究 [D]. 大连：东北财经大学，2012.

⑤ 谭帅. 我国企业的环境会计信息披露问题探讨 [D]. 南昌：江西财经大学，2011.

⑥ 原先杰，于兆河. 基于低碳经济的环境会计研究 [J]. 财会通讯，2012（5）：32-36.

⑦ 殷爱贞，胡婧. 我国企业环境会计核算体系构建及应用思考 [J]. 财会通讯，2012（8）：52-54.

大力推行环境会计试点工作。[①] 邱玉莲、余琪（2012）探讨了低碳经济形势下环境会计的必要性，认为必须重视低碳经济形势下环境会计的发展。[②] 崔澜（2012）指出环境会计应当是企业会计的一个重要组成部分。[③] 吴德军、唐国平（2012）对环境会计与企业社会责任信息披露、约束机制、发展回顾及未来展望等方面进行了探讨。[④] 张倩（2013）回顾了环境会计理论的研究成果，分析了环境会计与低碳经济之间密不可分的关系，认为应大力倡导在低碳经济模式下全面开展环境会计工作。[⑤] 冷芳（2013）分析了低碳时代给我国企业及所处环境带来的变化，并指出了目前我国环境会计领域存在的不足之处。[⑥] 钟洪燕（2013）讨论了建设社会主义和谐社会与环境会计的关系，力求探索出一条在全面建设和谐社会的同时发展和完善环境会计的道路。[⑦] 王沫妍（2014）从我国环境会计的理论研究、发展现状、现存不足及相应对策研究等方面进行了梳理和讨论。[⑧]

---

① 王泽淳. 低碳经济背景下如何推进环境会计发展 [J]. 商场现代化, 2012（9）：11-12.

② 邱玉莲，余琪. 低碳经济下对我国企业环境会计的思考 [J]. 会计之友, 2012（1）：21-22.

③ 崔澜. 关于低碳经济的环境会计研究 [J]. 财会研究, 2012（22）：30-46.

④ 吴德军，唐国平. 环境会计与企业社会责任研究 [J]. 会计研究, 2012（1）：93-96.

⑤ 张倩. 低碳经济视角下环境会计的发展与对策研究 [J]. 财会研究, 2013（1）：41-71.

⑥ 冷芳. 低碳经济下对环境会计的几点思考 [J]. 财政监督, 2013（1）：49-50.

⑦ 钟洪燕. 和谐社会背景下环境会计构建探析 [J]. 会计之友, 2013（5）：44-46.

⑧ 王沫妍. 我国的环境会计探讨 [J]. 现代商贸工业, 2014（1）：138-139.

1.4 环境会计信息披露问题相关研究

如果没有相应的信息披露，就不存在监督和评价，所有对企业在环境保护方面的要求和期许就都是空谈，所以信息披露也是企业环境会计的重要组成部分。李建发等（2002）根据可持续发展战略的要求，首先尝试构建了我国企业环境报告的格式和框架，并据此对企业的环境信息披露内容进行研究。杨艾（2011）依据低碳经济的要求，总结了企业环境会计信息披露的理论依据和原则，并对披露的形式和内容进行了探讨。① 金笑梅（2012）经过深入对比研究发现，我国的环境会计法规制订工作相对滞后，她还指出了我国环境会计信息披露的主要不足：披露方式随意，格式不够规范，所披露内容价值低，导致可比性差，可靠性也就无从谈起。② 张洁（2012）讨论了环境会计信息披露体系的发展方向，提出完善体系需要从健全相关法律法规、规范披露的形式和内容、促进环境会计理念的宣传推广等方面入手。③ 王淑英（2012）分析了循环经济模式下我国环境会计披露的发展目标及其存在的意义。④ 蒲敏（2013）分析了在低碳经济发展背景下，对企业提出环境信息披露要求的重要

① 杨艾. 低碳经济模式下企业会计信息披露研究［J］. 财会通讯，2011（3）：21-22.

② 金笑梅. 我国企业环境会计信息披露研究［D］. 西安：长安大学，2012.

③ 张洁. 我国上市公司环境会计信息披露问题研究［D］. 北京：北方工业大学，2013.

④ 王淑英. 基于循环经济模式的企业环境会计信息披露研究［J］. 财会通讯，2012（1）：9-11.

意义，并尝试设计了企业环境信息披露报告的新模式。① 戴悦华、楚慧等（2012）用经济学知识深入探讨了环境产权概念，对环境会计信息披露理论的边界问题进行了研究。② 康均、焦西丹（2012）对国内环境会计信息披露体系的现状进行了分析，指出了现存的问题，并对产生问题的原因和改善方案进行了探讨。③ 白杨（2013）利用实证方法进行研究发现，目前我国大型上市公司的环境会计信息披露报告的质量在不断提高，但披露格式和内容仍未得到统一规范，其整体水平相对于发达国家严重低下，有待提升。④ 薄路美（2013）通过对企业规模、盈利水平、偿债能力等十个指标的分析，推导出企业环境信息披露的回归方程，并以此为基础对高污染的煤炭行业的信息披露情况进行了研究。⑤ 车萍（2013）对世界范围内关于环境会计信息披露理论的研究成果进行了整理，指出了我国目前环境会计信息披露体系的问题，并对如何完善该体系提出了合理建议。⑥ 李月（2013）认为企业应当积极进行环境会计信息披露，从而向各决策者和全社会提供相关参考依据。⑦ 吴淑芳、张俊霞

---

① 蒲敏. 低碳发展模式下企业环境会计信息披露模式探讨 [J]. 商业时代，2013（15）：86-87.

② 戴悦华，楚慧. 以环境产权为核心重构企业环境会计信息披露模式 [J]. 财会月刊，2012（12）：17-20.

③ 康均，焦西丹. 我国环境会计研究的现状与特点 [J]. 会计之友，2012（6）：10-13.

④ 白杨. 我国上市公司碳会计信息披露影响因素研究 [D]. 北京：中国地质大学，2013.

⑤ 薄路美. 上市公司环境会计信息披露影响因素的研究 [D]. 沈阳：辽宁大学，2013.

⑥ 车萍. 环境会计信息披露研究——以山西煤炭企业为例 [D]. 太原：山西财经大学，2013.

⑦ 李月. 环境会计研究的必要性分析 [J]. 商业经济，2013（2）：101-106.

（2013）认为企业对环境信息披露未给予足够重视，同时各利益相关者也未对此给予足够重视，这严重制约了环境会计的发展和应用。①

1.5　环境管理会计相关研究

管理会计学是随着社会生产力的发展和其适应生产关系的协调发展，在财务会计学、成本会计学的基础上发展演变而来的。与比较成熟的财务会计体系相比，管理会计正式产生尚不足百年，被业界称为"年轻的、边缘化的学科"，而环境管理会计更是这个新学科中分出来的一支更小的、站在理论前沿的学科。

1.5.1　环境管理会计的相关概念

管理会计由传统的财务会计发展演变而来，但财务会计更多地服务于企业外部，而管理会计则主要服务于企业内部，故又被称为"内部报告会计"。管理会计将为企业决策层提供有效的短期经营计划和决策作为目标，进行一系列日常管理活动。环境管理会计涵盖了管理会计与环境成本两个范畴。同管理会计功能相似，它是为企业内部做出短期计划和决策服务的，但更多地侧重于管理要付出环境成本的行为，是一种主要针对企业物料与能源消耗以及废弃物排放等成本的管理活动。

---

① 吴淑芳、张俊霞. 环境会计应用存在问题及对策探讨 [J]. 商业经济，2013（10）：100-102.

1.5.2 关于环境管理会计的文献综述

1992 年，美国环境保护协会针对环境与资源问题，专门建立了环境会计项目，这标志着环境管理会计学的诞生。近年来，环境管理会计受到了愈来愈多的关注和重视。

1.5.2.1 美国学者关于环境管理会计的研究

美国环境保护局在 1990 年出台了《污染防治法案》。为大力推进该法案的施行，该局又于 1992 年建立了环境会计项目，旨在"促使并激发企业更全面地理解环境成本，同时将其运用于决策"。随后在 1993 年，美国环境保护协会、美国成本工程师协会、美国企业圆桌会、美国注册会计师协会、美国管理会计师协会等组织又联合公布了《利益相关者行动议程：工作室对环境成本的会计与资本预算的一项报告》（美国环境保护局，1994），这是全世界公认的有关环境管理会计的最早的文献之一。[①]（干胜道，钟朝宏，2004）

1.5.2.2 欧洲学者关于环境管理会计的研究

欧盟下属的环境管理会计协会成立于 1997 年，其主要研究对象是欧盟设立的一个名叫"生态管理"的项目。该协会日常的讨论形式主要是电子邮件，每年召开一次年会。英国环境局主要是通过研究企业内部的环境成本，综合分析后将其研究成果广泛运用于企业的环境成本控制方面，旨在为企业提供更高效的环境会计。英国特许注册会计师协会则侧重于环境管理会计的报告公布，旨在通过公布具有实际使用性质的报告，帮助企业决策者找到能够合理有效地控制内部环境成本的途径。

---

① 干胜道，钟朝宏. 国外环境管理会计发展综述 [J]. 会计研究，2004 (10)：84-89.

1.5.2.3 日本学者关于环境管理会计的研究

邓明君、罗文兵对日本学者的研究结果进行了归纳。他们在《日本环境管理会计研究新进展——物质流成本会计指南内容及其启示》①一文中认为，物质流成本会计是日本在环境管理会计方面的主要研究成果之一。物质流成本会计是一种通过探究减少企业的内部环境成本和外部环境影响的途径，为管理者做出经营计划和决策提供支持的行为。2007 年，全球第一份《物质流成本会计指南》由日本产业技术环境局等多部门联合公布。

1.5.2.4 我国学者关于环境管理会计的文献综述

陈煦江（2004）在《环境管理会计理论结构与应用方法探索》②文中认为，企业的价值最大化是环境管理会计的最终目标。环境管理会计的有效实施离不开理论与实践的结合，而现实中，企业往往更重视环境管理会计的实际操作，忽略了对相关理论知识的认知，这导致实际操作中容易出现认识不清、操作偏差等问题。故此，加深理论知识的学习，结合理论与实践操作是企业发展的必然趋势。张祎（2008）在《我国管理会计发展的新方向：环境管理会计》③中认为我国传统的管理会计并不能满足现行企业对环境成本控制的要求，故必须引入新型管理会计——环境管理会计。与原始的管理会计相比，环境管理会计具有更突出的优势：一是其内容更加细化，专业性更强；二是对环境信息和环境成本更加注重。企业经营管理者做出计划

---

① 邓明君，罗文兵. 日本环境管理会计研究新进展——物质流成本会计指南内容及其启示 [J]. 华东经济管理，2010, 24（2）: 90-94.

② 陈煦江. 环境管理会计理论结构与应用方法探索 [J]. 财会通讯，2004（9）: 54-57.

③ 张祎. 我国管理会计发展的新方向：环境管理会计 [J]. 会计之友，2008（7）: 14-15.

和决策时，能够更偏重于内部环境成本和外部环境影响，这能够极大地促进企业、国家乃至全球环境的可持续发展。颉茂华（2010）在《环境管理会计研究：综述、评价与思考》[①] 一文中提出，我国的环境管理会计应该从"社会经济"的角度切入分析。环境管理会计实施的最终目的应该是在降低企业内部环境成本、增加企业利润、提升企业综合竞争力的基础上，放眼全社会的环境问题，有效预防生态环境的进一步污染，实现自然环境的可持续与协调发展。同时，他深入研究了经济与环境的内在联系，要求政府部门积极出台保护环境的具体措施。

1.6 研究方法

根据各部分研究内容所涉及问题的性质和数据资料可得性，笔者所采用的研究方法主要有文献研究法、实地及问卷调查访谈法、实证研究法和案例研究法。

文献研究法：通过阅读大量的国内外相关文献，整理总结出相关的概念与理论，并对各相关术语所表示概念的内涵和外延进行较详细的分析。

调查访谈法：实地访谈法和问卷调查法相结合。在进行作业成本研究时必须实地深入观测研究以获取一些一手资料；通过发放调查问卷的方式对本省环境管理会计的相关现状进行调研，为本研究的开展提供了科学依据。

实证研究法：主动获取有关行业生命周期中的产品环境成本数据并进行量化分析，从少数到多数，归纳出环境成本支出

---

① 颉茂华，王珉，胡伟娟. 环境管理会计研究：综述、评价与思考 [J]. 中国人口·资源与环境，2010，20（3）：292-294.

的影响因素和现状，建立环境支出影响因素的多元回归方程，并对该模型进行了实证分析。

案例应用研究法：本研究分析了一些典型案例，对案例企业进行深度剖析，探索了相应研究内容在企业环境成本管理中的具体运用，实现了理论与实践相结合。

结语

自 20 世纪初管理会计萌芽以后，随着财务会计学的不断成熟与发展，管理会计逐步独立出来，经历了从执行性到规划决策性功能定位的转变。而今，近一个世纪过去，管理会计学也得到了极大发展，管理会计工具与方法创新逐步扩散，如本－量－利分析、平衡计分卡、质量成本计算和环境成本计算等。现今，全球环境问题日益严重，保护环境的呼声日益高涨，环境管理与会计的结合能否解决经济生活中"发展与污染"相克相生的难题？希望本项研究能对致力于环境管理与会计结合研究和应用的同行有一点点启示，为以后的深入研究打下基础，起到抛砖引玉的作用。

2　企业承担的环境伦理责任

　　人类社会自农业社会起就存在环境问题，不过由于当时社会生产力低下，人与自然环境的矛盾并不明显；进入工业社会以来，人类在其生产活动中无限制地滥用资源，随意向外界排放污染物，导致环境不断恶化，某些国家更是不惜一切代价地追求经济增长……在20世纪不断出现的震惊世界的一系列环境事件①终于唤醒了人们，一些国家环保机构逐渐成立，也通过了关于环保的法律。比如，1969年，美国俄亥俄州重工业污染物随意排入河流，河面污染物聚集导致水底缺氧，鱼类、藻类消失，凯霍加河污染物聚集燃起了大火，此事件之后的第二年，美国成立了环境保护署；20世纪50—70年代，日本熊本县水俣镇化工厂外溢的有毒汞威胁水俣湾成千上万居民的生命，日本很快通过了严厉的环境保护法。

---

　　①　例如：1930年在比利时发生的马斯河谷烟雾事件，1931年在日本发生的富山（骨痛病）事件，1943年发生的洛杉矶光化学烟雾事件，1952年发生的伦敦烟雾事件，1953年在日本发生的水俣病事件，1961年在日本发生的四日市（哮喘病）事件，1968年在日本九州发生的米糠油事件。1972—1992年间，世界范围内的重大污染事件屡屡发生，其中著名的有"十大事件"：（1）1972年北美死湖事件；（2）1978年卡迪兹号油轮事件；（3）1979年墨西哥湾井喷事件；（4）20世纪80年代巴西圣保罗库巴唐"死亡谷"事件；（5）20世纪80年代西德森林枯死病事件；（6）1984年印度博帕尔公害事件；（7）1986年切尔诺贝利核泄漏事件；（8）1986年化工厂污染莱茵河事件；（9）1989年雅典"紧急状态"事件；（10）1990年海湾战争油污染事件。

我国近些年的环境状况也不容乐观。根据国家环保总局（现生态环境部）统计资料，我国每年废气排放量达到 11 万亿立方米、废水排放量达到 365 亿吨、工业固体废弃物生产量达到 6 亿吨，在被统计的 131 条流经城市的河流中有 26 条被严重污染、11 条被重度污染、28 条被中度污染，每年因环境污染造成的经济损失高达 360 亿元，生态破坏损失为 500 亿元。这些污染物有 70%以上来自于企业，企业面临着巨大的环境风险。由此可见，企业的环境污染问题不仅会对其自身的生存和发展造成威胁，而且也对整个社会造成了巨大的恶劣影响。2013 年 1 月笼罩在北京上空并且有着恶臭味的雾霾可能成为改变游戏规则的环保颠覆性事件之一。资料显示，2013 年全年，北京空气质量好的天数只有 5 天。在长达数周的时间里，北京的空气质量比机场吸烟室的空气还差。一个暖气团像一床巨大的羽绒被一样笼罩在北京上空，下面聚集着该地区 200 座燃煤电厂和 500 万辆汽车排出的污染物。2.5 微米及以下的污染物颗粒达到每立方米 900 个，为世界卫生组织认定的安全水平的 40 倍。人们可以闻到并且吸入这种恶臭的烟雾，并因此而窒息。图 2-1 为北京市近 10 年空气质量分布状况。

企业作为市场的主体，为了追求自身利益的最大化，往往会忽视社会的利益，将许多有害物质排放到环境中。大量污染物累积起来就会导致空气、土壤和水体质量下降，也会使得气候变化和旱涝灾害频繁发生，最终导致人民生命、物质和财产遭受严重损失。企业作为最大的污染源，应义不容辞地承担起环境保护的责任。目前我国正在向全面建成小康社会努力，经济快速增长的同时也带来了严峻的环境污染和过度的资源耗费

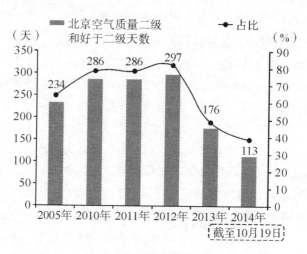

图 2-1　2005—2014 年北京市空气质量二级和
好于二级天数变化情况①

问题。如何规划企业的经济行为，使全社会能够向和谐社会转变并最终实现可持续发展已成为亟待解决的重要问题。

　　自党的十五大报告提出实施可持续发展战略以来，党的十六大、十七大、十八大均把资源环境问题列为重点关切的问题。党的十八届三中全会指出：今后将紧紧围绕建设美丽中国深化生态文明改革，加快建立生态文明制度，健全生态环境保护的机制。企业界应积极响应党的战略部署，考虑环境经营策略、运用环境管理会计的先进方法实现清洁生产的环保目标。然而到目前为止，实务界对环境管理会计方法的运用仍然较少，仅以守法为导向，避免行政上被处罚或避免被列入污染企业名单，忽视了环境管理会计的真正目的，在环境成本与收益、投资决策、业绩评价等方面均没有考虑环境影响。

――――――――

　　① 朱茜. 北京马拉松比赛遇雾霾天，2014 年北京空气质量持续恶化 [OL]. 2014-10-20 11：34：3

在我国，无论是当前的环境管理会计制度还是企业自愿实施的环境管理体系，都不能离开环境管理会计的信息支持。环境管理会计作为国民经济的核算体系、企业会计系统的组成部分，应在为企业在环境开发、利用过程中提供环境信息等方面发挥其重要作用。推进环境管理会计在我国企业中的应用研究，具有重要的理论意义和现实价值。

2.1　构建企业环境伦理的意义

当前环境污染和生态破坏已经达到了前所未有的程度，环境问题已成为威胁人类生存的全球性问题。企业是经济社会的细胞，企业在不断地为社会创造物质财富的同时，也在生产过程中造成了资源浪费和环境污染。这就要求企业在生产过程中注重对自然环境和社会环境应承担的道德责任，在对待自然环境和社会环境时应该遵守一定的行为准则和规范。

在追求社会主义和谐社会的今天，构建企业环境伦理具有非常现实的意义，主要体现在以下几个方面：

2.1.1　为企业环境保护的实践提供了理论上的指导

实践是认识的基础，认识对实践有反作用。认识能够反映实践，同时也能够指导实践，正确的认识能够积极地推动实践。企业环境伦理扩大了企业的道德责任范围，一方面要求企业承担起保护自然环境的责任，另一方面也说明保护自然环境是没有止境的永恒的服务，要求企业在持续经营的过程中把保护自然环境的义务传递下去。构建企业环境伦理为企业在活动决策、生产和销售等方面提供了环境保护理论上的指导，使企业能沿着正确的方向发展。

2.1.2 有利于提升企业形象，促进企业健康持续发展

企业环境伦理有利于提升企业的公众形象。在环境不断恶化的今天，消费者的环保意识也在不断增强。实践表明，越来越多的消费者不仅对他们所购买的产品和服务感兴趣，还对提供这些产品和服务的公司的形象和信誉也感兴趣，他们更愿意购买那些注重承担环保责任的企业的产品和服务。一项调查结果显示，当一个人了解到一个企业在环保方面有消极举动时，高达91%的人会考虑购买另一家公司的产品或服务，85%的人会把这方面的消息告诉他的家人和朋友，83%的人会拒绝投资该企业，80%的人会拒绝在该企业工作。许多企业已逐渐意识到公益活动在提升企业形象中所起到的巨大作用。2010年，在激烈的市场竞争中，处于品牌延伸和深化期的鼎湖山泉通过举办"一起来，把自然留住"的公益活动，让鼎湖山泉短时间吸引了大量的关注者，提升了鼎湖山泉在行业中的影响力，从而让鼎湖山泉这个品牌得到了更多消费者的认同。

2.1.3 有利于构建资源节约型、环境友好型社会

在我国，长期以来，大多数企业采用一种封闭性的、非循环的工艺，以一种资源高消耗、经济低效益、环境高污染的生产方式来追逐经济增长，却把生命和自然界的利益排除在外。这种生产方式造成了巨大的环境污染和资源浪费。根据《全国环境统计公报（2012年）》提供的数据，2012年，全国废水排放总量684.8亿吨，其中，工业废水排放量221.6亿吨；全国废气中二氧化硫排放总量2 117.6万吨，其中，工业废气中二氧化硫排放量1 911.7万吨；废气中氮氧化物排放总量2 337.8万吨，其中，工业废气中氮氧化物排放量1 658.1万吨；废气中烟（粉）尘排放总量1 234.3万吨，其中，工业废气中烟（粉）尘

排放量 1 029.3 万吨。2012 年工业污染占总污染的比例如图 2-2
所示：

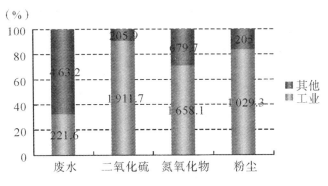

图 2-2　2012 年工业污染占总污染的比例

　　由图 2-2 可看出，工业造成的污染在整个污染中所占的比
重是很大的。因此，构建企业环境伦理，使企业在追求经济利
益的同时，把保护自然环境、尊重自然作为一项指导原则，是
非常有必要的。

　　目前全国煤矿资源回收率仅在 40% 左右，小煤矿的回收率
只有 15%，1980—2000 年，全国煤矿资源浪费 280 亿吨。照此
下去，到 2020 年，全国将有 560 亿吨煤矿资源被浪费。加强企
业环境伦理建设，有利于企业转变生产方式，实行清洁生产，
减少环境污染和资源浪费，实现企业与自然的共赢。

2.2　我国企业环境伦理建设的现状

　　企业环境伦理是关于企业与环境关系的道德研究，它将企
业伦理从企业社会伦理扩展到企业自然伦理，是企业伦理价值

理念、对象和范围的扩大,① 是处理企业与环境关系的伦理原则、道德规范和道德实践的总和。它以生态人道主义、生态整体性、生态永久性为原则,把生态意识和环境保护的要求渗透到企业的价值观念、活动决策、生产和销售等方面,要求企业不仅要从人出发,以人为本,进行尊重人的企业管理,而且要从人与自然的关系出发,进行尊重生命和自然界的企业管理。②作为企业管理新的方面,企业环境伦理是企业伦理的一个新的领域,是企业管理的进步和进化。企业环境伦理的主要关注点在于企业活动与生态环境的关系,其主张企业积极管理环境成本,企业员工自觉地承担保护自然的责任,主动调整自己的行为方式以适应自然,实现人与自然关系的和谐与稳定。

随着环境危机的日趋严重,人类已经开始对自身的行为进行反思,各国政府及企业也开始主动地或者被动地开展一些环保活动,但是总体来说,我国的企业环境伦理仍然处于比较缺失的状态,企业环境伦理建设任重而道远。我国企业环境伦理建设缺失表现在以下几个方面:

2.2.1 企业环境伦理意识薄弱

长期以来,企业的最终目标就是追求利润最大化。尽管近些年来一些企业的环保意识有所增强,但是许多企业的员工和领导者对环境概念、环境法规政策、环境保护的目的和意义等方面的了解程度都很低,有些人对于企业环境伦理更是闻所未闻。在企业的价值理念中,通常不包括生命和自然界的利益,企业把环境资源看成一种公共资源,认为可以对其自由取用甚至任意破坏。企业经济的快速发展往往是以牺牲环境资源为代

---

① 裴广川. 环境伦理学 [M]. 北京: 高等教育出版社, 2002: 235.
② 李辉. 论酒店环境伦理建设 [D]. 沈阳: 沈阳师范大学, 2008.

价的，为实现最大利益，企业不惜盲目扩大生产规模、重复建设、走无序化发展的道路。企业经营者通常都只注重看得见的物质生产资料，在环境伦理建设上认识不足，做得不够深入，不考虑经济责任和环境责任的相互融合，只注重眼前利益，却忽略了企业的长期利益。

2.2.2　很多企业存在有悖于企业环境伦理的行为

尽管迫于各方面的压力，许多企业都已经把保护环境，实现经济效益、环境效益和社会效益的有机统一作为企业经济发展中的一项宗旨，强调在生产经营过程中采用节能减排技术，加大对环保设施的投入，发展绿色经济，但是企业造成的环境污染事件依然层出不穷。作为中国纸业龙头（全国唯一一家 A、B、H 三种股票上市公司）的晨鸣纸业股份有限公司，它的企业文化中明确指出始终把发展绿色生态纸业作为自己的目标，积极淘汰落后产能，上马高效、节能、环保的国际一流高端生产线，促进企业转型升级。同时，高标准、高质量上马环保设施，大力发展原料林基地。晨鸣人坚持在为社会创造财富的同时，以为子孙后代留下一片蓝天碧水为理念，实现企业与环境、资源相协调发展，走"林浆纸一体化"道路，发展循环经济，打造绿色生态纸业，达到人与自然和谐共处。但是在现实中，自国家开始重视环保以来，晨鸣纸业几乎每年都被曝出存在污染行为。此外，中小企业在我国企业中所占的比例已经达到了99%以上，但是由于这些企业规模小、资金短缺，许多企业设备仍然很陈旧，技术（工艺）落后，资源能源利用率极低，其所造成的资源浪费不容忽视。

2.2.3　产业结构不合理

由于缺乏对企业环境伦理建设的认识，大多数企业始终以经济利益为重，很少考虑产业结构调整问题。这主要表现为产业结构从低水平状态向高水平状态升级的速度十分缓慢以及企业在低水平产业结构上重复建设的趋势。此外，在产业结构变动过程中，区域间结构的高度相似性不断出现，这种产业结构相似性的增强使得资源配置效率十分低下。^① 这加剧了地区产业发展不平衡，使得产业政策失效，新的结构断层不断出现，从而导致了地区经济的不健康发展，形成地方保护、产业保护与竞争抑制。目前我国工业和建筑业比重偏高，工业和建筑业规模的迅速扩张是中国经济发展的主导力量，但是工业和建筑业存在大而不强、内在素质不高、低水平重复生产和重复建设严重等问题。

2.3　企业环境伦理建设面临的挑战

2.3.1　传统思想的束缚

由于我国的生产力较落后，工业化起步较晚，我国经济的发展集中体现了发展中国家经济发展的特点：经济发展速度快，采用以要素投入带动经济增长的外延型（粗放型）投入增长方式，生产要素使用效率低下。在中小企业中，企业的领导者大多素质较低，他们的价值观就是把盈利作为企业的首要目标，其他一切都是次要的。在大企业中，通常所有权与经营权相分离。经营者为了完成受托经济责任，巩固和提高自己的地位，实现自身的价值，往往也是不择手段地发展企业的经济。总的来说，长期以来，我国大部分企业在生产经营过程中并没有体

---

① 张敬梅.我国企业环境伦理建设研究 [D]. 大庆：大庆石油学院，2008.

现出环境保护意识。这对于企业环境伦理建设来说，是最大的
障碍。

2.3.2 企业自身利益的挑战

企业是以盈利为目的的经济组织，在传统的经营理念中，
获取最大利润是企业经营的唯一目的。在经营过程中，企业如
果把环境效益和社会效益也作为企业的一种经营目标，寻求一
种对环境影响最小的生产方式，势必要投入大量的人力、物力、
财力。在初期，这必然会加大企业的生产成本，甚至使守法成
本高于违法成本。在这种压力下，很多企业都"宁愿认罚不治
污"。河北省冶金行业协会提供的数据显示，2012 年河北省钢铁
企业吨钢利润仅为 85 元，若启用环保设备，每生产一吨钢需要
增加 100 元以上的环保设施运行成本；而不启用环保设备，一
个中等规模的钢铁企业每年可减少上千万元的成本。一家钢铁
企业负责人反映，环保运营成本高，企业不作为很划算。如果
被发现，最高也不过罚款几十万元，即便每个月都受处罚也很
划算。因此，部分钢铁企业环保设施能不上就不上，能不运行
就不运行，以最大限度地降低环保成本。

2.3.3 环境法规难以促使企业做出环境保护行动

对于企业的环境违法行为，我们往往是采取非市场化的政
府行为即通过税收、罚款等经济和法律手段，采取"谁污染谁
治理""外部经济内在化"来落实企业的环保责任。这种外在的
强制措施，只将视野停留在环境污染上，而缺乏对企业合理利
用资源的规范引导，而且这种事后的惩罚性制约往往面对的是
一个已经遭到破坏的生态环境。法律、经济等手段虽然能暂时
禁止那些最严重的违规行为，却无法使企业主动采取绿色行动。
在 2013 年的天心牧业污染事件中，望城区环保局明知道天心牧

业猪场自 2004 年建成投产以来一直未采取任何污水处理措施，一直在污染周围环境，但是仍采取了纵容态度，只是责令其采取措施，且未将此事落到实处，以至于天心牧业猪场依旧我行我素。在接到居民投诉后，望城区环保局也只是要求该猪场搬迁。望城区环保局的这一做法恐怕只是"扬汤止沸"。

2.4　加强企业环境伦理建设

2.4.1　将企业环境伦理作为一种企业文化深入贯彻到企业中去

企业文化是企业为解决生存和发展问题而塑造形成的，被组织成员认为有效而共享，并共同遵循的基本信念和认知。企业文化集中体现了一个企业经营管理的核心主张以及由此产生的组织行为。企业应把企业环境伦理作为一种企业文化，经常在企业开展环境伦理教育。企业可以请环保方面的专家讲课，使领导与员工从伦理学的角度认识环境保护的重要性，逐步转变企业内部的环境伦理观，提高企业员工的整体环境意识，增强其保护环境的责任感和使命感，让企业的每个成员都认识到企业在生产运行过程中不仅要追逐经济效益，更要注重社会效益和环境效益的有机统一。

2.4.2　树立可持续发展观，实行清洁生产模式

可持续发展，就是要在发展经济的同时，充分考虑环境、资源和生态的承受能力，保持人与自然的和谐发展，实现自然资源的可持续利用和社会的可持续发展。树立可持续发展观与企业环境伦理的要求相一致，是建立企业环境伦理的重要前提。

清洁生产就是对生产全过程和产品整个生命周期采取整体预防的环境策略，减少或者消除它们对人类及环境的危害，同时充分满足人类需要，使社会经济效益最大化。"清洁生产"模式要求企业在生产过程中节约原材料与能源，淘汰有毒原材料，减降所有废弃物的数量与毒性；要求减少产品从原材料提炼到产品最终处置的全生命周期对环境的不利影响；要求服务时将环境因素纳入设计与所提供的服务中。

2.4.3 国家积极引导企业加强环境伦理建设

首先，国家要积极制定相关法律制度，引导企业加强环境伦理构建。在当前的市场经济中，单纯依靠企业的自觉性去构建缺乏现实经济效益的企业环境伦理，未免有些缘木求鱼，因而通过相关配套法律制度的建立和完善来促进企业环境伦理的构建也就具备了必然性。例如，建立和完善市场准入的环保审核制度。工商局可将企业提供关于其拟在生产经营过程中采取哪些环保措施的资料作为其注册登记的必备条件，并与当地环保部门配合，由环保部门对企业的排污设施以及与生产相配套的环境保护设施进行评估，对达到一定标准的才能予以核准登记，对没有达到一定标准的暂缓登记。此外，国家也要制定相关政策，对那些积极承担企业伦理责任的企业进行扶持，通过税收政策、财政政策以及货币政策促进企业环境伦理建设，也可以颁布向企业环境伦理建设成绩优异的企业适度倾斜的政策，政府可以在投融资政策、财政税收政策等方面做出倾斜，如实行绿色税收政策。对于企业环境伦理建设工作突出的企业，政府可以实行税收优惠政策，在所得税、增值税、消费税上给予适当减免以及加速折旧等；对环境伦理建设不力的企业，政府也要加大惩罚力度，必须使其违法成本大大高于守法成本。

总之，保护环境，企业有责。构建企业环境伦理，意味着企业树起了一面环保旗帜，它一方面引导企业去保护环境，减少污染，实现自身的可持续发展；另一方面又向社会表明企业对待环境的态度，从而扩大企业及其产品的社会影响力。企业的环境伦理建设已刻不容缓，这不仅是广大人民对环境保护的热切呼唤，更是时代赋予每个现代企业的责任和义务。作为社会经济主体的企业应该倡导环境伦理，遵守生态道德规范，并在发展过程中正确有效地承担起环境伦理责任。只有这样，才能实现企业经济效益、社会效益、环境效益的有机统一，加快实现和谐社会与生态文明的步伐。

3 环境管理对企业价值的影响

改革开放以来，尚处于社会主义初级阶段的中国，经济发展方式以粗放型为主，这导致经济发展与资源、环境之间的矛盾越来越突出。随着中国经济发展进入一个调结构促升级的新阶段，如何平衡好经济发展与环境保护之间的关系，不仅是政府制定政策法规时需要思考的问题，更是企业在长期持续发展中必须面临的问题。研究企业环境管理如何影响企业价值，有助于企业了解环境管理的驱动机制，明确环境管理战略，积极主动应对环境挑战，提高环境管理能力。

3.1 相关研究回顾

目前学术界对环境管理能否改善企业盈利能力以及如何影响企业价值的研究还不多，尤其是对中国企业的研究更少。

Shameek Konar 和 Mark A. Cohen（2001）分析了 S&P500 的市场数据，发现环境法律纠纷和有毒化学物排放量与企业无形资产之间呈负相关，环境对市场价值的影响度随行业不同而改变，传统污染行业所受影响度更大一些。Khaled Elsayed（2005）选取静态和动态数据分析了环境绩效对财务绩效的影响，两组数据的实证结果均表明当期的环境与当期的财务绩效之间的关系并不显著，然而，用同样的数据进行分析，他发现滞后的环境绩效对企业财务绩效有显著影响。Andreas Ziegler（2007）利用资产定价模型和多元回归模型分析了企业可持续发展绩效指标与股票价格之间的关系，结果发现环境绩效对股价有积极影响，股票的长期战略投资者会通过持有环境绩效表现良好的企业股票来增加自己的投资组合价值。

为了弄明白财务绩效对企业在不同环境事务上做出的努力是如何做出反馈的，Hiroki Iwata（2011）选取了不同环境绩效指标研究其对财务绩效的影响，发现废弃物的排放量对财务绩效没有显著影响，温室气体排放量的减少可以提高轻污染行业企业的财务绩效。Kent Walker（2012）以企业是否给出完整具体的措施改善环境为依据，将企业的环境行为分为名义上的和实质上的，进行实证分析后发现，实质环境行为既不会减少也不会增加企业财务收益，但名义环境行为会减少财务收益。Eva Horváthová（2012）选择多种污染物排放量作为环境绩效指标，采用捷克加入欧盟后 2004—2008 年的市场经济数据，发现在短期内环境绩效与财务绩效之间呈负相关关系，而在长期内呈正相关关系。

关于环境绩效如何影响财务绩效，有几个学者进行了一些实证研究。Maria D. Lopez-Gamero（2009）通过电子问卷收集了 4 187 家企业管理者对其企业环境和经济问题的评分，得到的结论是早期的环境管理和投资有助于企业建立成本竞争优势和产品差异化竞争优势从而间接提高财务绩效。A. Salama（2011）利用 1994—2006 年英国企业的数据，对社会责任和环境绩效与企业市场系统风险系数 β 之间的关系做了实证研究，结果表明环境绩效与企业风险呈反向变动关系。Abraham Lioui（2012）研究了环境绩效与研究发展水平以及财务绩效之间的关系，发现环境绩效对财务绩效的直接影响是负向的，但与企业研究发展水平之间呈显著正相关关系。他认为要想全面地考察环境绩效与财务绩效的相互作用，实证研究应同时包含直接效应和间接效应。

国内对环境绩效的研究主要集中在环境绩效评价、环境绩效审计及环境绩效信息披露上，而关于环境绩效对企业价值影响的实证研究较少。秦颖、武春友（2004）借鉴意大利、荷兰及我国造纸行业的数据对环境绩效和财务绩效之间的相关性进行了实证研究，研究结果显示短期内企业环境绩效的改善会降低其财务表现。邓丽（2007）的实证研究表明，在低环境风险样本组中，环境绩效对财务绩效有积极的促进作用；在高风险环境样本组中，环境绩效和环境信息披露对财务绩效有消极的影响。吕峻、焦淑艳（2011）发现环境绩效信息披露与财务绩效之间不存在明显的相关关系，环境绩效与财务绩效之间存在显著的正相关关系。胡曲应（2012）发现排污费与企业财务绩效的关系不确定，而排污费的年度增量与财务绩效呈比较稳定的负相关关系，这说明单纯的末端治理并不一定能带来财务绩效的改善，积极有效的预防管理会对企业财务绩效起到促进作用。于晓佳（2012）的实证研究结果表明用环境设施和环境治理指标衡量的环境绩效与财务绩效存在着显著的负相关关系，而用环境资源利用指标衡量的环境绩效与财务绩效之间存在显著的正相关关系。李超（2013）的研究发现企业当年的积极环境战略对下一年的财务绩效无显著影响，但对下一年的市场价值有显著的正向影响。迟楠（2013）的研究表明，先动型绿色战略对企业环境战略和经济战略都有积极的影响，制度因素的三个维度中，认知因素对企业选择先动型绿色战略的影响度最大。

从国内外相关研究现状来看，学术界关于环境绩效与财务绩效的关系尚未有定论，现有文献多集中在对两者是否有相关性的讨论上，而关于环境绩效如何影响财务绩效以及其对企业价值的综合影响的研究较少。本章选取时间序列数据研究宝钢公司环境绩效与其财务价值、市场价值和研发水平的关系，探讨企业环境绩效对企业价值的综合影响。

3.2　理论分析与研究假设的提出

由沃纳菲尔特等人提出的资源基础理论，认为企业具有不同的有形资源和无形资源，这些资源可转变成独特的能力，形成企业的持久竞争优势。该理论强调知识和技能等无形资源的重要性，鼓励企业开发未被充分利用或还未被市场认知的资源和优势。企业可利用原来潜在的优势条件逐步生成由制度、组织、技术和认知构成的四维价值平台，从而获得显性优势，提高竞争力。根据该理论，环保技术创新和绿色服务可以成为企业某种形式的模糊资源，产出企业绩效。市场价值与公司重置成本比率即托宾 Q 值一定程度上包含了市场对企业无形资产的评价，它在国内外被广泛应用于测度企业价值。基于上述理论，本研究提出如下假设：

假设 1：企业环境管理 EP 对市场价值托宾 Q 值有正向影响。

在企业环境管理与财务绩效关系方面，以 Walley 和 Whitehead 为代表的传统派认为公司的资金、资源和管理能力是有限的，减少环境污染所增加的投资是企业生产产品所需必要成本之外的成本，会减少企业在正常生产管理上的投入，降低企业边际利润，至少在当期内，环境管理成本会让企业陷入环境和财务的零和博弈。因此，我们认为，当年环境绩效的提高可能会导致当年的财务绩效下降。以 Poter 为代表的修正派认为，政府的政策法规和社区居民、舆论媒体的道德监督可能会让环境表现不合格者面临巨大的经营风险，引致高额的无形成本。环境表现良好的企业则可以比竞争对手更快地获得市场准入许可，扩大市场份额从而增加销量，同时企业通过加强内部环境管理能力，提高技术创新和资源利用率，可以降低生产成本。因此本研究认为，当期环境管理投入会提高下一期的财务绩效。基于上述理论，本研究提出如下假设：

假设2：当年的环境绩效EP对当年的财务绩效ROA有负向影响，对未来一年的财务绩效ROA有正向影响。

杨东宁和周长辉基于组织能力提出了环境绩效概念模型。他们认为组织能力是企业经营其所拥有或控制的有形和无形资源的技巧和能力，包括基于知识的管理水平和创新速度等。企业的各种资源通过组织能力产出经济绩效，因此组织能力在企业环境绩效与经济绩效之间起桥梁作用。企业可以通过在经营理念和生产流程中强调环境管理来培育和巩固相关的组织能力，例如，采用环境设计和产品生命周期等工具提高组织资源的使用效率，促进企业在提高质量的同时降低成本，并让创新成为一种组织惯例等。因此，环境管理作为企业竞争优势的一个潜在因素，有助于提高企业的长期财务绩效。基于上述理论，本研究提出如下假设：

假设3：企业环境绩效EP与企业研发投入RD呈正相关关系，并提高了企业技术创新PATENTS，从而有助于企业建立核心竞争优势。

3.3 变量选择及模型

3.3.1 环境管理变量的选择

通过整理相关文献，本研究发现国外学者所采用的环境管理指标大多有比较系统的数据来源，如 Shameek Konar 和 Mark A. Cohen（2001）使用了有毒物质排放清单（TRI）中的指标，Maria D. Lopez-Gamero（2009）使用了欧盟颁布的综合污染预防与控制（IPPC）指令中的指标，Eva Horváthová（2012）使用了欧洲污染物排放与转移登记（E-PRTR）清单中的环境指标，Abraham Lioui（2012）使用了 Kinder、Lydenberg 及 Domini 公司（三者合称为 KLD）开发的社会责任环境指数。目前研究中采用的环境绩效指标统计情况如表 3-1 所示。

表 3-1　环境管理指标类型统计

环境指标类型	举例
污染物排放量	Cohen，Khaled Elsayed，Hiroki Iwata，Eva Horváthová，A. Salama，秦颖
资源利用率	Andreas Ziegler，Abraham Lioui，Kent Walker
再循环利用率	Andreas Ziegler，付瑶，Kent Walker
环保处罚或单位排污费	吕峻，王波，胡曲应
环境友好产品	Kent Walker
是否有 ISO14001 认证、环境审计、环境管理体系、环境知识、员工培训、股东关注度	Kent Walker，Maria D. Lopez，邓丽

为避免定性指标评分的主观性，并保持时间序列报告中数据的一致性和可比性，本研究选择了可量化的污染物排放量类型指标、资源利用率类型指标和再循环利用率类型指标，具体包括吨钢 SO_2 排放量、吨钢粉尘排放量、吨钢耗能量、吨钢耗水量、余能回收量、固废返厂利用量。将各个指标数据反指正向化和标准化后，运用主成分分析法得出环境绩效的综合分数 EP。

3.3.2 企业价值变量的选择

现代财务理论上计算单个企业价值一般有折现现金流量模型、剩余收益估价模型、托宾 Q 值三种方法。本研究认为衡量企业价值的指标应该包括三个体系，一个是企业的财务价值体系，一个是企业的市场价值体系，还有一个是企业的研发创新体系。通过企业财务价值体系我们可以对企业的历史经营业绩进行分析研究，结果具有真实性，但不能帮助我们很好地判断企业未来的业绩；市场价值体系在一定程度上可以反映投资者对企业未来价值的期望；研发创新体系则反映了企业的自主创新能力和核心竞争力，是企业的无形资产。

目前被选用最多的财务价值指标有总资产收益率 ROA、净资产收益率 ROE、销售利润率 ROS，它们都能较好地反映企业的盈利能力，如 Khaled Elsayed（2005）、Eva Horváthová（2012）、Abraham Lioui（2012）、秦颖（2004）、吕峻（2011）等在研究中选用了这些指标。其他被选用的财务指标有：Andreas Ziegler（2007）选用了资产定价模型 CAPM、Hiroki Iwata（2011）选用了资本报酬率 ROI，A. Salama（2011）选用了公司风险系数 β 等。托宾 Q 值指标作为企业的市场价值指标已被国内外学者广泛应用，如 Shameek Konar 和 Mark A. Cohen（2001）、Abraham Lioui（2012）、王波（2012）、胡曲应（2012）

等。本研究选用总资产收益率 ROA 作为财务价值指标，反映企业已有的盈利能力；选用托宾 Q 值作为市场价值指标，反映企业未来期望价值；选用研发投入经费 RD 和新增授权专利数 PATENTS 作为无形资产，反映企业竞争力。托宾 Q 值的计算公式为：托宾 Q = 企业总资产市场价值/企业总资产重置资本 = （权益市场价值+负债市场价值）/总资产的账面价值，而由于负债的市场价值不好获得，只好用其账面价值替代。

3.3.3 模型与控制变量的选择

在研究环境绩效与经济绩效的关系时，大多数学者选择将多元线性回归模型作为研究方法，如 A. Salama（2011）、Kent Walker（2012）、Hiroki Iwata（2011）、吴思仪（2010）、吕峻、焦淑艳（2011）等。其他研究方法有：秦颖、武春友（2004）采用联立方程组法对意大利、荷兰及我国造纸行业的环境绩效和财务绩效之间的关系进行了实证研究，付瑶（2012）通过建立结构方程模型分析了环境管理、环境绩效和财务绩效之间的关系，Eva Horváthová（2010）、迟楠（2013）运用元分析法重新分析了以往文献中关于环境管理和企业绩效关系的研究结果。本研究选用多元线性回归模型和相关分析方法研究环境绩效与企业价值之间的关系，建立模型如下：

模型 1：$Tobin\ Q = \beta_1 + \beta_2 EP + \beta_3 YEAR \times EP + \beta_4 \ln SIZE + \beta_5 GROWTH + \varepsilon$

模型 2：$ROA_t = \beta_1 + \beta_2 EP_{t-1} + \beta_3 EP_t + \beta_4 \ln RD_t + \beta_5 \ln SIZE_t + \beta_6 INDUST_t + \varepsilon$

其中，$Tobin\ Q$ 为企业总资产市场价值/企业总资产重置资本；ROA 为总资产收益率；EP 为环境绩效总得分；$\ln SIZE$ 为企业规模；$GROWTH$ 为营业利润增长率；$INDUST$ 为行业利润率；RD 为企业研发投入；$YEAR$ 为年度虚拟变量；$PATENT$ 为新增授权专利；t 为第 t 年。

模型 1 用来检验假设 1；模型 2 用来检验假设 2；EP、RD 和 $PATENTS$ 的相关分析用来检验假设 3。

控制变量主要包括：

（1）企业规模（lnSIZE）。由于企业规模的大小代表着企业的社会资源及市场地位，其很大程度上决定了企业的生产成本和经营业绩，从而影响着企业的财务绩效和投资者对企业未来业绩的判断。企业某些战略决策如收购、兼并、重组等会导致不同时期企业规模的变化，因此为避免其对研究对象的干扰，本研究选择公司年末总资产的自然对数作为控制变量。

（2）营业利润增长率（GROWTH）。营业利润率经常被用来衡量企业成长性和发展能力，其计算公式是（本年营业利润−上年营业利润）／上年营业利润。该指标越高，表明企业业务拓展速度越快，发展前景越好。市盈率较高，表明市场普遍看好该企业的未来盈利增长，市盈率是影响企业未来期望值 Tobin Q 的重要因素，一般与其同方向变动，但与 ROA 的变动方向没有必然联系。

（3）行业利润率（INDUST）。行业利润率是影响资产收益率 ROA 的重要因素，一般与行业利润率正相关。企业所在行业的大环境背景决定了企业所面临的供需市场，企业产品成本、销售量、价格往往与产品所在行业的类型有关。

（4）研发投入（RD）。企业研发投入指企业在产品、技术、材料、工艺或某项目的研究、开发过程中发生的各项费用。国内外大多数学者研究发现，研究发展投入会推动科学技术的进步，促进生产率的提高和产业升级，他们认为企业研发投入能给企业带来良好的经济效果，这表现在企业净利润、平均收益率、专利申请量等方面。研发投入数据采用了企业研发经费的绝对额即研发投入率×营业收入。

（5）年度虚拟变量（YEAR）。2008 年爆发了金融危机，钢铁产业链涉及的各个行业需求全面下滑，加上长期产能过剩，钢铁行业受到严重冲击。2008 年以前钢铁产销量和利润增速较快，2008 年后钢铁行业处于痛苦的产能结构调整期，钢铁价格过低，加上原材料价格普遍上涨，企业大部分时间处于亏损状态，销量和利润大幅下滑。因此，本研究以乘法方式引入年度虚拟变量来测度回归方程斜率的变化：2008 年之前该变量赋值为 0，2008 年及以后赋值为 1。

3.4 实证结果与分析

3.4.1 样本选择及资料来源

钢铁冶炼属于重污染行业，在环保政策日趋严厉的现状下，很多钢铁企业主动地或被动地转变发展观念，加大环保投入，寻求可持续发展的模式。在对同行业的企业做过比较后，本研究选择在环境管理和经营方面投入较早、表现良好的宝钢股份为样本。虽然 2008 年之后钢铁行业正经历产能过剩和结构调整的困难时期，行业利润率下降到接近零甚至亏损的程度，宝钢股价也一直处于下降态势，但与同行业其他企业相比，宝钢在财务绩效、环保技术、环保战略方针上仍然保持着领先地位。本研究环境绩效数据来源于对宝钢股份 2003—2012 年《可持续发展报告》和《社会责任报告》的分析整理，市场数据和财务数据来源于国安泰数据库 CSMAR、色诺芬中国经济金融数据库 CCER 和钢铁行业网站。

3.4.2 描述性统计分析

表 3-2 为没有经过标准化处理的各变量数据的描述性统计

数据。

表 3-2　变量的描述性统计分析

Variable	Valid N	Mean	Std. Deviation	Minimum	Maximum
EP	10	53.474 0	24.881 74	5.91	86.14
Tobin Q	10	1.286 0	0.44 757	0.84	2.12
ROA	10	5.171 0	2.596 15	1.37	9.65
lnSIZE	10	25.751 0	0.494 51	24.83	26.17
GROWTH	10	9.404 0	59.382 21	−59.32	129.75
INDUST	10	4.857 0	2.402 30	0.04	7.50
YEAREP	10	36.311 0	39.138 83	0.00	86.14
RD	10	22.006 0	14.723 91	4.45	44.53
PATENTS	10	529.50	298.769	165	969

　　由表 3-2 可以看出，宝钢公司环境绩效综合得分 EP 跨度较大，最小值为 5.91，最大值为 86.14，均值为 53.47。纵观宝钢十年来的发展轨迹，企业对节能环保项目的投入有所加大，积极地从粗放发展方式向绿色钢铁理念转轨。Tobin Q 最小值为 0.84，最大值为 2.12，均值为 1.29。自金融危机爆发以来，钢铁行业经历了冰火两重天的严峻考验，供给远远大于需求，钢价支撑力明显不足，而燃料和铁矿石价格又不断上涨，大多数企业只能微利或亏损经营。对需求的担忧和钢铁价格的下滑使得钢铁股票跌幅较大，宝钢股份的 Tobin Q 值也一直呈下降态势。尽管如此，宝钢股份的总资产收益率 ROA 在同行业中仍保持在较高水平，资产利用效率较高，获利能力较强，经营管理水平也比较高，但该指标在 2008 年后有所降低。作为虚拟变量的 YEAREP，其均值没有数据大小上的意义，其回归方程系数则说明了 2008 年前后环境绩效斜率的变化。

3.4.3 回归分析

在模型 1 中，调整判定系数 $R^2 = 0.762$，模型拟合优度较好，回归方程在 5% 的显著性水平下通过 F 检验，可以认为 Tobin Q 值与自变量之间呈线性关系。各变量数据之间方差膨胀因子 VIF 均小于 10，可认为变量间不存在多重共线性问题。环境绩效变量 EP 的回归系数为 0.055，在 5% 水平下通过显著性检验。YEAREP 是虚拟变量 YEAR 与环境绩效变量 EP 的乘积，它的系数为 -0.053，在 1% 水平下通过显著性检验，说明 2008 年前后环境绩效变量对 Tobin Q 值的影响度存在显著差异，2008 年前环境绩效变量总的回归系数为 0.055，2008 年后为 0.002（0.055-0.053）。而无论在 2008 年之前还是之后环境绩效变量的系数均为正，说明企业的环境绩效是一项非常重要的无形资产，良好的环境绩效能够赢得投资者青睐，得到市场认可，环保技术创新和绿色服务可以成为企业某种形式的资源，产出企业绩效，假设 1 得到验证。对模型 1 的回归分析结果见表 3-3。

表 3-3　模型 1：回归系数及显著性检验表

Variable	β	Sig	Tolerance	VIF	F	Sig
Constant	-1.008 *	0.092				
EP	0.055 **	0.012	0.217	4.607		
YEAREP	-0.053 ***	0.005	0.139	7.171	8.208	0.002
lnSIZE	0.330	0.259	0.393	2.546		
GROWTH	0.086	0.647	0.843	1.186		
Dependent Variable：Tobin Q 值调整后的 $R^2 = 0.762$						

注：*** 表示在 1% 的水平下显著；** 表示在 5% 的水平下显著；* 表示在 10% 的水平下显著。

在模型 2 中，调整判定系数 $R^2 = 0.961$，模型拟合优度较好，回归方程在 1% 的显著性水平下通过 F 检验，可以认为 ROA_t 与自变量之间呈线性关系。各变量数据之间方差膨胀因子 VIF 均小于 10，可认为变量间不存在多重共线性问题。当期环境绩效变量 EP_t 的回归系数为-0.026，在 5% 水平下通过显著性检验，表明当期环境绩效 EP_t 与当期财务绩效 ROA_t 呈负向变动关系。这与 Walley 和 Whitehead 所代表的传统派观点一致，即在环境管理上的投入不可避免地会降低当期的财务业绩。上一期环境绩效变量 EP_{t-1} 的回归系数为 0.024，在 5% 水平下通过显著性检验，表明上一期的环境绩效 EP_{t-1} 与当期财务绩效 ROA_t 呈正向变动关系。这与 Poter 所代表的修正派观点一致，说明企业加大本年度的环境管理投入可以提高企业未来的盈利能力，使下一年度的财务绩效变好，假设 2 得到验证。对模型 2 的回归分析结果见表 3-4。

表 3-4 模型 2：回归系数及显著性检验表

Variable	β	Sig	Tolerance	VIF	F	Sig
Constant	0.246	0.589				
$INDUST_t$	0.687**	0.027	0.183	5.456		
$lnSIZE_t$	-0.701**	0.029	0.254	3.940		
RD_t	0.402	0.123	0.154	6.489	39.960	0.006
EP_{t-1}	0.024**	0.034	0.193	5.169		
EP_t	-0.026**	0.014	0.300	3.335		
Dependent Variable：ROA_t 调整后的 $R^2 = 0.961$						

注：*** 表示在 1% 的水平下显著；** 表示在 5% 的水平下显著；* 表示在 10% 的水平下显著。

3.4.4 相关分析

面对严峻的外部环境，为建造知识型企业，实现发展方式转型，宝钢公司逐年加大研发投入，用创新驱动竞争力的提升。由表3-2可以看出宝钢公司的研发投入水平有了显著提升，RD最小值为4.45亿元，最大值为44.53亿元，平均每年投入研究经费22.006亿元。授权专利数PATENTS最小值为165件，最大值为969件，平均每年新增专利529.5件。在回归方程2中，研究投入RD的回归系数为0.402，没有通过显著性检验。虽然研发投入具有很大的不确定性和收益滞后性，但对于企业来讲，产品和技术上的创新都是有价值的投资，能够给企业带来超额利润和独特的竞争优势，对提高企业长期盈利能力有重要作用。在同质化严重、竞争激烈的市场中，创新对一个企业的存亡往往能起到关键性的作用，这一观点已得到大多数国内外研究学者的认同。

由表3-5可以看出，环境绩效EP与研发投入RD和授权专利PATENTS之间有显著的正相关关系，相关系数分别为0.855和0.891，均在1%的水平下显著，说明宝钢公司在环境管理问题上采取了积极主动的应对政策，进行了许多技术和工艺上的创新，提高了组织资源的使用效率，这与杨东宁和周长辉"环境绩效有助于提高企业组织能力"的观点一致，假设3得到验证。事实上，宝钢公司2013年盈利102.27亿元，占大中型钢铁企业所实现利润的44.69%，这背后是宝钢积极转变发展方式，树立环境经营理念，将技术创新紧紧贯穿于环境经营各环节，

表3-5 环境绩效、研发投入相关分析

	EP&RD	EP&PATENTS	RD&PATENTS
Correlation Coefficient Sig. (2-tailed)	0.855** (0.002)	0.891** (0.001)	0.964** (0.000)

注：*** 表示在1%的水平下显著；** 表示在5%的水平下显著；* 表示在10%的水平下显著。

加强管理创新和挖潜增效的不懈努力，体现出了优势钢铁企业突出的盈利能力。

3.5　研究结论

本研究回顾了国内外关于环境绩效与财务绩效关系的相关文献，并基于资源基础理论、环境绩效组织能力理论、环境绩效传统派和修正派理论提出研究假设，以宝钢公司时间序列数据为样本，研究了企业环境绩效对企业财务价值、市场价值和研发水平的作用和影响。研究结论主要包括以下三个方面：

3.5.1　环境绩效对企业市场价值有正向影响

良好的环境绩效能够赢得投资者青睐，得到市场认可，环保技术创新和绿色服务可以成为企业某种形式的资源，产出企业绩效。

3.5.2　环境绩效对财务绩效有延迟影响

当年的环境绩效对企业当年的财务绩效有负向影响，对企业未来一年的财务绩效有正向影响。环境管理上的投入不可避免地会降低当期的财务业绩，却可以提高企业长期的盈利能力。

3.5.3　环境管理促进研发进而利于增强竞争优势

企业进行环境管理对企业的研发活动有促进作用，有利于企业技术创新和组织能力的提高，从而有助于企业建立核心竞争优势。

总的来看，中国经济发展已进入一个调结构促升级的阶段，企业核心竞争力的构成要素已发生深刻变化，积极应对未来社会对节能减排的要求，树立环境经营理念，加强资源节约和环境管理，正在成为企业增强核心竞争能力、实施差异化竞争的重要策略。

4 环境成本核算、管理与控制及 ABC 方法

对于以营利为目的的企业来讲，成本属于管理控制的重点，同样，对于环境不良影响较大的企业来讲，在防止环境污染方面的投资、耗费和支出也会成为该类企业的重点管控内容。本章重点对作业成本法相关理论与实际应用现状进行研究。

4.1 环境成本的概念

关于环境成本的概念有以下观点：

联合国统计署（UNSD）在 1993 年发布的《综合环境与经济核算体系》中把环境成本界定为两个层次，一是因自然资源数量消耗和质量减退而造成的经济损失；二是为了防止环境污染而发生的各种费用和为了改善环境、恢复自然资源的数量或质量而发生的各种支出，可以理解为环保方面的实际支出。

联合国国际会计和报告标准政府间专家工作组（ISAR）会议 1998 年讨论并通过的《环境会计和报告的立场公告》认为：环境成本是指本着对环境负责的原则，企业为管理企业活动对环境造成的影响而采取或被要求采取措施的成本，以及因执行环境目标和要求所付出的其他成本。这种成本可以纳入目前企

业的会计系统并分配到产品成本中，或作为期间费用抵减企业当期的利润。此观点在环境会计领域中比较权威，为大多数组织和学者所认同。

美国环境保护署（USEPA）把环境成本界定为环境损耗成本，指环境污染本身导致的成本或支出。如烟雾受害者的支气管炎等疾病的治疗费，或者因有害废水排入河流所造成的渔业损失等。

Robson 和 W. J. Turnot（1998）将环境成本定义为工业活动中与环境保护有关的成本，认为环境成本应包括两方面的费用：一是环境的损失即消耗的环境资源，包括污染所引起的环境质量下降和过分消耗自然资源所引起的生态环境破坏；二是环境污染所引起的非环境方面的损失，如有害物质引起的人体健康损失、大气污染引起的农业损失等。

在国内，郭道扬教授（1992）以"生态环境成本"的学术思想为基础，将环境成本界定为：由于环境恶化而追加的治理生态环境的投入；因重大责任事故导致生态环境恶化所造成的损失，以及由此而引起的环境治理费用和罚款；未经环保部门批准擅自投资项目所造成的罚款；环境治理无效率状况下的投资损失和浪费。罗国民教授则认为环境成本是企业生产经营活动中所耗费的生态要素的价值以及为了恢复生态环境质量而产生的各种支出。其内容由如下项目组成：维护环境支出、预防污染的支出、治理环境的支出、人为破坏生态环境造成的损失。罗新华等（1999）指出环境会计应该遵循大循环成本观念。环境会计的大循环成本应该是自然资源成本、环境成本、物化劳动和活劳动消耗的总和，所以环境成本包括环境保护成本、环境损失成本、资源闲置损失恢复成本、替代成本、机会成本。徐玖平、蒋洪强（2002）认为从管理会计的角度分析，环境成本是指某一会计主体在其可持续发展过程中因进行经济活动或其他活动而产生的自然资源耗减成本、生态资源降级成本以及为管理企业活动对环境造成的影响而采取防治措施的成本。王燕祥（2007）把环境成本的内容概括为环境污染赔偿成本、环境损失成本、环境治理成本、环境保护维护成本、环境保护发展成本。

从众多文献可以看出，理论界对环境成本的界定有如下特点：

从研究内容上看，在现阶段，要全面精确地定义环境成本比较困难，国内外对于环境成本定义的研究尚处于基于不同视角对环境成本加以阐释的阶段，环境成本的概念不统一。

从研究成果上看，尚缺乏实际指导性。由于学者们的研究成果没有形成完善的理论体系，相关的法规也并不健全，所以相关研究成果对现实中的企业并未起到应有的指导作用。在对于环境成本的概念达不到统一认识的阶段，如能够从某个视角对其加以阐释，进而研究其确认、计量和报告，应该是明智的选择。

笔者认为，应借鉴上述各种观点，并结合我国企业的特点来界定环境成本的概念。一般来讲，企业与周围环境的关系主要表现为企业的经营活动对环境产生不同程度的影响即环境影响，降低环境影响成为企业在可持续发展过程中进行各项经营活动时应考虑的一项重要的影响因子。因此笔者比较认同从企业对环境高度负责的角度对环境成本下定义：环境成本是企业对社会的环保责任与会计学有机结合而形成的，是企业在可持续发展过程中，因进行经济活动而对环境造成的不良影响及因执行环境目标和所应达到的要求而发生的成本，包括内部环境成本和外部环境成本，是一个"微观+宏观"的范畴。该定义虽然是一个比较宽泛的界定，但它以明确企业的环保责任为中心，保证了环境成本涵盖范围的全面性，克服了详细界定过程中可能出现的以偏概全的缺点。它将环境成本分为内部成本和外部成本两大类。从传统会计意义上讲，内部环境成本是一个微观范畴，是在企业核算范围内所发生的与环境有关的成本，是传统会计中企业费用的一个组成部分；而外部环境成本是一个宏观的范畴，是在社会核算范围内企业应该承担的与环境有关的成本。

4.2　环境成本的分类

在国外，ISAR（联合国国际会计和报告标准政府间专家工作组）在《环境会计和报告的立场公告》中将环境成本按照不同功能具体分为：环境污染补偿成本、环境损失成本、环境治理成本、环境保护维持成本和环境保护发展成本。环境污染补偿成本指企业污染和破坏生态环境后应予补偿的费用；环境损失成本指企业对生态环境进行污染或破坏而造成的损失，以及由于环境保护需要而勒令某些企业停产或减产所造成的损失；环境治理成本指企业为治理被污染和破坏的环境而发生的各项支出；环境保护维持成本指为预防生态环境污染和破坏而支出的日常维持费用；环境保护发展成本指为进一步发展环境保护产业而投入的各项开支。

美国环境保护署于1995年将环境成本划分为传统成本、潜在的隐没成本、或有环境成本、形象与对外关系成本四大类。传统成本指可以明晰地同环境保护挂钩的各种支出，一般指企业正常生产过程中发生的材料费、人工费、设备折旧费等。它是被作为企业的生产成本来核算的。潜在的隐没成本指同制造费用与管理费用混合在一起而难以清晰辨认其与环境业绩的关系的成本。这些成本以保护环境和生产程序、系统及设备为对象，以发生时间为标准，可分为事前成本、事中成本、事后成本。或有环境成本指企业在未来可能会因企业环境原因而支付的成本，包括对未来环境事故所造成损害的赔偿、因未来环境法规的进一步严格可能被迫增加的支出等。在财务会计上，这类成本一般被作为或有负债处理并预提准备金。形象与对外关系成本指与企业环境业绩相关的企业公共形象及与社会联系方面的各种支出。这部分信息被要求披露，这不仅是为了求得企业利害关系人对企业降低环境负荷、支付环境成本的支持，也是为了告知企业内外地域的居民及社会各界，使之了解企业为树立先进环保形象所付出的努力。

日本将企业环境成本分为外延不断扩大的三个层次：传统企业成本、企业成本、社会成本。传统企业成本即按传统的财务会计惯例计算的企业成本；企业成本即企业决策中被漏记但潜在的环境成本；社会成本就是由企业造成环境影响但企业没有承担责任而由社会承担责任所形成的成本。

德国于 1995 年开始执行环境管理和建立审计体系，进行企业环境成本核算，并采用生态会计模式，即根据从物质、能源输入企业，到企业向环境输出产品、废弃物的流转过程所形成的循环平衡原理，以物理（化学）单位计量各种环境负荷程度，并在此基础上核算环境成本和分析其投入产出结果。德国按企业环境成本在其流转过程中所处的不同阶段，将环境成本分为四种类型：事后的环境保全成本、环境保全预防成本、残余物质发生成本、不含环境费用的产品成本。德国的环境成本分类注重环境成本与环境负荷的关系，与我们现行的产品成本核算项目的分类类似。

在国内，张蓉等（2008）从产品生命周期的角度考虑环境成本的界定，将环境成本划分为获取资源环境成本、制造与加工环境成本、生产过程环境成本、使用流通或消费过程环境成本、再生循环环境成本、废弃环境成本。北京大学王立彦教授（1998）在《环境成本核算与环境会计体系》一文中，对环境成本的分类做过比较深入的研究。他认为，要精确定义环境成本较难，但可从不同视角对环境成本加以阐释，进而讨论其确认和计量。他给出了环境成本的不同分类，如表4-1所示。

表4-1　环境成本的分类及内容

分类	所包含的内容
不同空间范围的环境成本	内部环境成本、外部环境成本
不同时间范围的环境成本	过去环境成本、当期环境成本、未来环境成本
不同功能的环境成本	弥补已发生的环境损失的环境性支出、用于维护环境现状的环境性支出、预防将来可能出现不良环境后果的支出

麦磊（2004）将所有与环境相关的费用划分为企业收益发生的环境成本和因违反环保行为而承担的环境损失，其中环境损失作为营业外支出，应被视为与环境相关的成本，并非实在的环境成本。李玲（2004）按照环境成本是否由企业承担，将其分为内部环境成本和外部环境成本。内部环境成本指应当由企业承担的环境成本，包括那些由于环境方面因素而引致并且已经明确应由企业承担和支付的费用，比如排污费、环境破坏罚金或赔偿费、环境治理或环境保护设备投资等。内部环境成本的一个显著特点是对其可以做出货币计量，符合这一特点的才可能被作为内部环境成本。当前可以确认的环境成本一般都属于内部环境成本。外部环境成本指那些由企业经济活动所导致的但不能明确计量并由于各种原因而未由企业承担的不良环境后果。正是由于对这些不良环境后果尚未能做出货币计量，所以尽管它们已经被确认却不能被追加于行为人，因而还不能

称之为会计意义上的成本。肖序和毛洪涛（2000）把环境成本分为两类，一类是从企业产生环境负荷的影响因子如物质流转和能源消耗的角度出发，采用环境资源输入企业和企业活动对环境输出的自愿流转平衡理论来进行环境成本的分类核算；另一类是从环境成本效果观出发，在环境会计报告中按费用产生效果的作用大小来进行环境成本的分类核算。第一类环境成本又可被分为：事后的环境保全成本、事前的环境保全预防成本、残余物发生成本、不含环境成本费用的产品成本。第二类环境成本又可被分为：生产过程中直接降低环境负荷的成本、生产过程中间接降低环境负荷的成本、销售及回收过程中降低环境负荷的成本、企业环保系统的研究开发成本、企业配合社会地域的环保支援成本及其他环保支出。

4.3　环境成本会计核算

ISAR 在其第 15 次会议发表的《环境会计和报告的立场公告》中指出：企业应在其首次被识别的期间对环境成本加以确认。如果符合资产的确认标准，就应将环境成本资本化，并在当期及以后受益期间进行摊销；否则，应将其作为费用记入当期损益。环境成本资本化的条件是其直接或间接地与通过以下方式增加流入企业的经济利益有关：①提高企业所拥有的其他资产的能力，改进其安全性或提高其效率；②减少或防止今后经营活动造成的环境污染；③保护环境。

在美国财务会计准则委员会（FASB）制定的会计准则架构下企业对环境事项进行会计处理时主要依据 1975 年的第 5 号准则（SFAS 5）"或有负债会计"以及与之配套的财务会计准则指南第 14 号（FIN14）"合理估算损失价值"。这两个文件都只针对一般性或有负债，所以在确认和计量（估计）环境负债方面并不具体。FASB 从 1989 年起指定工作小组紧急事务委员会（EITF）专门研究环境事项的会计处理并很快提出了《EITF89-13 石棉消除成本会计》和《EITF90-8 污染处理费用的资本化》两份文件。按照这两份文件的要求，环境污染的处理费用一般都应被作为当期费用支出处理（即费用化），只有在满足以下三个条件时才允许对其进行资本化处理：延长了资产使用寿命，增大了资产的生产能力或改进了其生产效率；能减少或防止以后的污染；资产将被出售。1993 年提出的《EITE93-5 环境负债会计》要求将潜在的环境负债项目从一般的或有负债中单独列出并加以估计。

德国环境局一直致力于"环境成本价格计算"方面的研究。1995 年德国开始采用生态会计模式进行环境成本核算，即从"企业的物质、能源输入企业与企业向环境输出产品、废弃物"的流转平衡原理出发，以物理（化学）量单位计量各种环境负荷影响程度，并在此基础上核算环境成本和分析投入产出效果。环境成本被分成四种类型：事后的环境保全成本、环境保全预防成本、残余物发生成本、不含环境费用的产品成本。史迪芬·肖特嘉介绍了现行的环境成本会计方法，认为对消除污染的环境成本可以采取单独计算法和完全成本会计法。环境成本的跟踪和追溯的首要任务是决定哪些成本相对于其他成本更应被列入环境成本。他认为为了减少环境影响和相应的成本，应采用以实物计量单位（如千克或立方米）作为基础的实物环境会计方法对会计进行扩展，并结合实例广泛介绍了欧洲、北美各地的会计实务。

日本将企业的环境成本区别于产品生产成本单独列示，并且采用全额计量、差额计量和按比例分配计量三种计量模式。对于遵守法规和单纯降低环境负荷的成本，因确认相关因素较为单纯，应采用全额计量；对以复合成本面貌出现，同时兼有生产制造功能和降低环境负荷功能的费用，则采用费用总额扣除生产功能费用后的差额计入环境成本即差额计量的方式；当采用差额计量存在困难时，企业可根据自己选择的标准按比例分配环境费用总额，划分出构成产品生产成本的部分。日本对环境成本支出严格划分其资本性支出部分和收益性支出部分。

在国内，一般认为如果环境成本有助于延长企业资产的使用年限或者提高了资产的安全性，或能够避免环境污染的发生，或有助于销售企业正准备销售的产品，等等，应予以资本化。否则，应当费用化。

李连华（2000）认为成本是一个流出的概念，代表着某一主体为了实现某种目的或实现某种目标而发生的资产流出或价值牺牲。将这一含义移植到环境管理领域就可以界定出环境成本的内涵，即环境成本是指企业因环境污染而负担的损失和为了治理环境污染而发生的各种支出。肖序、李娜（2001）认为现行的成本核算制度未把环境问题包括在内，资源消耗平衡原理是企业环境成本核算及管理的理论基础，并以此为依据提出了环境成本确认和计量来完善环境成本的核算体系。蒋卫东（2002）通过对荷兰环境成本核算实践的介绍和分析认为，政府和企业应共同重视环境成本方面的研究，同时环境成本核算的实施必须遵循成本效益和实用原则。徐瑜青等以某火力发电厂为对象，采用作业成本法对其环境成本进行计算，打破了我国主要采用规范研究的现状，是一次有意义的实践。秦桦从会计信息质量出发，对环境成本核算的方法进行比较和说明，认为作业成本法是当前最适用于环境成本核算的。程隆云（2005）认为环境成本核算对象和内容可以分别按成本动因、成本发生地和成本责任主体来确定。环境成本核算包括治理污染物成本核算方法和环境资源成本核算方法。其他观点认为环境成本核算和普通的会计成本核算存在一定的区别。一方面,传统会计信息的主要使用者是企业的投资者、债权人等,环境成本会计信息的主要使用者是政府及有关部门特别是环境保护监管部门,将企业提供的环境会计信息、企业造成的环境污染和取得的环保成绩综合起来,可以作为政府及有关部门进行宏观环保决策和对企业进行环保考核与奖惩的依据;另一方面,计量方法不同,传统成本会计采用货币计量方法,环境成本会计则应采用货币计量和非货币计量相结合的方法。

4.4 环境成本控制

在国外,美国环境保护署在《改进政府在促进环境管理会计中的角色》文件中指出,政府应在企业环境管理中起到应有的作用,帮助其建立环境管理系统,减少环境成本。此后,美国环保还与多个研究机构及职业协会进行合作,开展了环境会计、环境管理系统等方面的研究。Dodgson(2000)认为,采购企业、供应企业之间的合作为环境成本控制提供了正式或非正式的机制,促进了双方的信任,减少了风险,提高了创新性及利润等。Theyel(2001)进一步证明了采购企业和供应企业间关系越紧密,越能达到共同改善企业环境成本的控制的效果。Mathews设计了针对不同类型的社会责任披露的分类模型,试图说明通过控制废弃物或再加工,通过对生产、服务过程推行环境策略,有可能会节约成本或增加收益。Jaroslav Klusak(2003)认为环境成本中的材料成本处于成本分析与控制的中心位置,其分为物理形式上转换为产品的成本和未转换成产品的材料损失成本。Schaltegger(1996,2010)提出了环境会计框架模型,揭示了环境会计与生态会计的关系,将企业的可持续性目标具体转化为生态经济效益，并运用增值和增量环境影响来进行计量，提出了环境会计如何服务于环境管理的问题。Roger Bunt（2004）对一种将经济、生态效益导向信息融入公司环境管理的系统进行了论述，该系统有助于企业进行环境成本的控制。USEPA 介绍了一些环境成本控制的重要工具，还对电力企业的各种环境成本做了分析，并研究了环境成本管理中成本的确认、量化、分配等问题，这是环境成本控制的基础。此外，USEPA 指出政府应该在企业进行环境管理过程中起到应有的作用，帮助企业建立环境管理系统，削减环境成本，这就把企业和政府的责任很好地结合了起来。

在国内，金友良等（2002）将企业环境成本控制系统概括为能源成本控制系统、废弃物成本控制系统、包装物成本控制系统和污染治理成本控制系统四部分。黄文芳（2000）从环境经济学角度对传统成本-效益分析模型进行修正，提出投资项目的环境评价。徐汉从成本与环境资产的关系上将环境成本划分为自然资源耗减费用、生态资源降级费用、维护自然资源基本存量费用和生态资源保护费用四类。黄种杰（1999）认为企业环境成本管理涉及企业的各个部门和各个方面，因此实施环境成本管理应从可持续发展的角度运用系统的观点才能实现。李秉祥基于作业成本法建立了环境成本控制体系。刘娜等（2003）提出可以通过事前规划、事中控制、事后处理三个过程的实施对企业的环境成本进行管理。孟凡利（1999）提出要建立绿色化的成本控制系统，指出"这种成本控制系统必须产生这样的效果：不仅从环境角度做出停止生产的决策，而且必须也能从经济和财务角度做出淘汰出局的决策"。我国现有的会计核算体系未对环境成本的核算做出相应规定，企业之间未达成共识，因此政府和企业应共同重视对环境成本的研究。

以上是中外环境成本会计理论和实务中对环境成本的范围

界定、分类、核算和成本控制的一些研究，这些研究并没有达成共识，仍存在分歧。这些研究还停留在具体会计操作实务的水平上，还没有达到形成统一的企业会计准则的阶段。环境成本核算的方法、计量属性等没有统一的标准。企业环境成本资本化和费用化标准划分不明确，在会计实践中的应用性不强。这就要求结合我国环境会计方面的实践，对于我国企业实行环境成本会计披露及环境成本管理的理论研究应从以下方面来进行借鉴和改进：①明确企业环境成本会计处理中的成本范围的界定、分类核算和控制。②对环境成本资本化提出统一标准。③对注册会计师在环境成本的会计披露独立审计中涉及的审计范围、风险判断、审计过程和方法提出明确的规范。④加强国家（政府）的立法规范和社会的道德约束。

4.5 环境成本管理方法

4.5.1 产品生命周期成本方法

产品生命周期理论最初由美国哈佛大学教授雷蒙德·弗农在 1966 年提出。他认为产品的生命需要经历产生、成长、成熟和衰落四个过程，生命周期思想从这四个角度出发，尽可能减少产品生产和消费过程中的污染排放或资源消耗。产品的生命周期环境成本是产品生命周期中发生的所有环境成本的集合。企业引入"环境管理"这一术语后将产品生命周期分为五个阶段：设计阶段、生产阶段、销售阶段、使用阶段和回收废弃阶段。

美国学者 Marc J. Epstein（1996）提出将生命周期评价运用到环境成本管理中，并指出可持续发展对公司提升核心价值和进行环境保护具有重要意义。Dana R. Hayworth（1997）提出生命周期成本管理是一个实用的工具。合理地利用该方法将有助于减少环境负债、增加企业利润，同时还可以提升企业形象，这也是符合政府法规政策和提高公众评价的双赢策略。在20世纪90年代初，日本企业已经开始根据自身的情况自愿出台环境报告书。1999年日本环境厅（后改为环境省）发布了《关于环境保护成本的把握及公开的原则》的规定，日本的企业层面也日益重视环境会计并陆续公布《环境报告书》。环境成本管理一旦开始实施，企业就应该评估新的管理制度带来的效益，而每年的环境报告书都会详细地反映环保的实施情况和实施效果。2005年8月国际会计师联合会通过了一项有关环境管理会计的指导性文件《环境管理会计国际指南》，该文件就是从产品生命周期角度考虑产品生命周期各环节对环境的影响，定义了环境管理会计的概念、用途和效益，对环境成本按影响分类，同时附有可以应用于内部管理和外部创新的环境管理会计实例。

4.5.2　环境作业成本管理法

随着经济、信息技术的快速发展，企业间的竞争也日益加剧，管理层对成本核算的要求也越来越高，很显然，传统的成本核算方法即将面临被淘汰的危险。在作业成本理论日趋完善的历史进程中，许多学者提倡采用作业成本法进行环境成本控制。郭晓梅（2001）认为在运用依据直接人工或产量等单一的分配标准对环境成本进行分配的传统核算方法时，由于发生的成本与其分配标准之间缺乏直接的明显的关联，成本信息常常会发生扭曲，而作业成本法依据环境成本与产生这些成本的作业之间的联系，将成本进行归集并分配，有助于管理层明确成本的真正构成，选择最好的作业方式及决策。王简（2004）、肖序（2006）等学者认为在进行环境成本归集与分摊时应选择多样化的成本动因，将环境成本分析具体到作业层次，对环境成本的动因进行分析。他们认为揭示了环境成本发生的原因，就能够更加清晰和明确环境成本的分摊对象，提高成本信息的精准性和正确性。孙彦（2001）从成本管理和环保投资的角度进行分析，也认为作业成本法更强调分析环境成本产生的原因。李春（2008）通过对具体数据的计算，对照了制造成本法和作业成本法对环境成本分配的结果，发现后一种方法能够提供合理的成本分配标准——成本动因更能确保产品分配的正确与科学。李秉祥（2005）、傅奇蕾（2011）都认为作业是联系产品和环境成本的桥梁。依据 ABC 理论，产品的生产周期是一个集合，这个集合是由一系列作业组成的，并以作业为中心进行归集，其目的是分别对每个作业进行环境成本识别，进而核算出产品的环境成本。宋子义（2011）对作业成本法下环境成本的具体分配过程进行了归纳总结：开始就要确定消耗环境资源的主体——环境作业，然后按照作业的相同属性建立成本库，确定与费用支出相关的主要成本动因，最终计算出动因分配率，并将成本分配到相关产品上。陈亮、潘文粹（2010）和吴凤翔（2012）、于慧峰（2012）等也详细阐述了运用作业成本法来控制环境成本的具体操作步骤，从理论上说明了将作业成本法应用于环境成本核算有其合理性，为企业的环境成本控制提供了有力的指导。陈建华、谢京华（2013）认为作业成本法能够较准确地将环境成本分摊至与之相关联的产品成本中去，而且计算流程简单适用，并克服了传统成本方法的盲目性，在具体核算环境成本时应大力推广该方法。余海宗（2014）将"以人为本"思想融入了环境成本的分类，将环境成本分为选择性成本、过渡性成本和惩罚性成本，构建了成本核算的"齿轮模型"。该方法对外部成本的外延进行了修正，将人的福利损失作为一项最终环境成本单独提出。企业能直接看到其行为可能引发的结果，肩负起自己的责任。

在作业成本法应用于环境成本控制的实证研究方面，唐欣
（2009）分析了某一啤酒企业的具体生产流程中的作业活动，按
照两阶段模型进行环境成本的分配。庄希勋、卢静（2013）对
水泥企业的环境成本间接费用分配的缺陷进行了分析。他们通
过设置生产、仓储等作业中心，分离出水泥企业的环境成本并
分配到不同的作业中心，合理地解决了水泥产品环境成本信息
不准确的问题。马慧颖（2011）、宋子义（2011）都以造纸企业
为研究对象，运用案例检验了作业成本法在环境成本核算和控
制上的可行性。

李云（2014）总结了最近 5 年环境成本研究的现状，指出
大部分学者注重从理论层面研究或者只研究在某一具体行业或
领域进行环境成本控制的必要性、所存在的问题以及应采取的
相应措施。徐瑜青（2002）、翟佳琪（2010）、李芳（2013）、
贺瑞（2014）、卫倩（2014）都对某一具体行业的环境成本控制
进行了探讨。由此可见，用作业成本法核算环境成本虽取得了
一定的进展，但在具体企业中还存在应用力度不够，缺乏实质
性的创新，没有真正将具体行业与环境成本控制紧密结合在一
起的问题，并且作业成本法在整个行业领域的应用还有待于进
一步推广。

综上所述，关于我国环境成本管理问题的研究任重而道远。
通过文献整理及分析，笔者认为环境管理会计的实施主要包括
以下几个方面的内容：①确认和计量环境相关成本。环境成本分
布在企业经营和生产活动的各个环节，当前会计系统没有综合
收集和整理相关环境信息。②合理分配环境成本给制造过程或
产品。环境相关成本埋没在管理和制造费用账户中，没有被直
接分配给制造过程或产品，造成成本分配不合理。③物质流动
分析。现有会计系统无法完全追踪反映材料流动的数量和成本

信息。物料分析的目的是通过一定时期的价值创造系统定义物质和能源流动。④存货和生命周期分析。存货分析建立在物料流动的基础上，试图匹配价值创造系统活动中的物质成本。⑤环境管理决策分析。管理决策包括短期决策和长期决策。结合环境管理的决策，除了日常运营中考虑物料、能源消耗及排污之外，还应该包括企业环保性投资决策。⑥环境影响的考核及评价。进行环境影响考核评价需要建立相关的制度和指标体系。⑦环境风险的管理等。

4.6　环境成本核算应用调研

作业成本法的相关理论传入中国 20 多年来，一直深受国内诸多学者的重视，每年都不断有新的研究者参与进来。作业成本法的相关理论在与我国实际相结合中，不断发展，不断表现出它的优越性，也不断引起了企业管理层的重视。在实践方面，许多资深的研究者已经成功地将作业成本法的理论应用于纺织、煤矿、造纸等制造行业，近年来也有不少学者通过案例分析将作业成本法应用于非制造行业或中小企业，也有许多学者将其应用于环境成本的核算。这些都拓宽了作业成本法的应用范围，也充分说明了作业成本法具有很大的优越性和可推广性。

4.6.1　调查问卷的设计

为了了解作业成本法目前在我国企业的实施和发展状况，笔者选取了山东省一些市区的企业并通过邮寄或发送电子文档的形式发出 100 份问卷，本问卷调查的对象主要定位为山东省各类企业的各类员工，特别是会计或财务人员和财务部门主管，扣除没有收回的、收回的问卷中填写信息不完全的、非生产型企业（如教育培训机构）员工填写的，最终筛选出实际有效的问卷 70 份。本次问卷设计的内容主要有四部分，首先从调查企业的基本情况和环保意识入手，逐步深入，然后对企业的环境成本控制情况和作业成本法的运用情况进行调查，最后通过对收集的数据进行统计，归纳总结了企业环境成本核算的现状和问题，为企业运用作业成本法核算环境成本奠定一定的现实基础。问卷调查表见附录，问卷设计所包括的具体内容如下：

第一，企业基本情况。这部分主要涵盖了所调查企业的名称、注册地、企业性质、所属行业、行业规模、被调查者的职务以及主要产品所包含的生产工序等。

第二，企业环保意识。这部分主要涉及被调查者对企业的环境污染程度、环境保护、ISO14001 体系认证的了解情况以及企业领导层对环境成本的态度等。

第三，企业环境成本控制。这部分主要涉及企业生产中发生的具体的环境支出、是否采取环保措施以及环境成本的核算方法、管理层对环境成本的态度等。

第四，作业成本法在环境成本核算中的应用。这部分主要涉及企业对作业成本法的了解程度、实施情况、实施效果以及没有运用该方法的原因等。

4.6.2 调查问卷分析

4.6.2.1 企业基本情况

在回收的问卷中，按企业性质来看，国有企业 17 家，民营企业 50 家，外资企业 3 家；按企业在同行业的规模来看，中型企业 37 家，小型企业 16 家；从被调查者的职务和其所从事工作的性质来看，大部分是企业的财务人员，具体情况见表 4-2。

表 4-2　被调查者的职位及所从事工作的性质

职务	人数	百分比	工作性质	人数	百分比
高层管理者	6	8.6%	高层管理	6	8.6%
部门负责人	10	14.3%	财务管理	31	44.3%
财务主管	9	12.9%	生产管理	9	12.9%
出纳	8	11.4%	技术工作	8	11.4%
会计	14	20%	销售业务	1	1.4%
普通员工	20	28.6%	其他	15	21.4%
其他	3	4.2%			
合计	70	100%	合计	70	100%

从企业的行业特点来看，以制造业为主，包括食品加工制造业、汽车制造业、医药制造业和造纸业、金属制品业、电子设备制造业，还有化工行业、煤炭行业、铝行业、机械行业、烟酒批发等行业，还涉及少数其他的行业。从调查结果看，回收的问卷所涉及企业的行业类型分布广泛。尽管问卷发出和回收的数量有限，但是回收的有效问卷基本涵盖了我国主要的重污染行业，而且被调查者主要是财务人员（包括会计、出纳和财务主管），其比重为 44.3%，他们是企业成本核算的主要参与者，因此本次调查的数据和结果应该具有一定的代表性，可以在一定程度上说明我国作业成本法应用于环境成本核算的现状。

4.6.2.2　企业环保意识

企业环境保护意识主要是通过被调查者对 ISO14001 环境管理体系认证的了解程度、企业内部是否开展环保宣传活动以及管理层对环境成本的态度等方面反映的，回收的问卷显示，被调查的企业有 40% 已经通过了 ISO14001 环境管理体系认证（见图 4-1）。

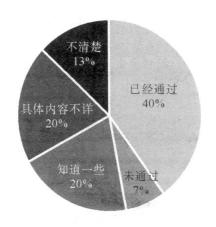

图4-1 对 ISO14001 环境管理体系认证的了解

在企业领导层对环境成本的态度方面（见图 4-2），有 21.4%的被调查者认为企业领导层非常重视经营过程中的环境成本，有 41.4%的被调查者认为企业的领导层能够重视环境成本。以上调查结果都表明大部分企业已经有了环境保护意识，并积极地开展了环保活动，绝大部分的领导层也越来越重视环境成本对企业生产经营的影响，他们比较了解具体的环境支出，并且会在以后的生产中尽可能降低环境成本支出。

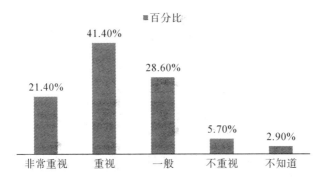

图4-2 管理层对环境成本的态度

4.6.2.3　企业环境成本内容及核算方法

（1）一般来说，企业环境相关费用包含环境支出和环境收入两个方面的内容，但对企业来说环境收入往往很少或没有。本次调查对环境收入忽略不计，主要针对企业经营过程中的环境支出项目，具体包括如下项目：①排污费；②环境污染治理费；③环保设施投资支出；④违反环保法规受到的处罚；⑤为符合环保要求发生的产品研究、开发费用；⑥临时性或突发性环保支出；⑦专门环保部门的经费；⑧环保社会活动的支出；⑨由于本行业工作环境的特殊性而给予职工的补偿；⑩其他。被调查企业的实际支出项目情况如图4-3所示。

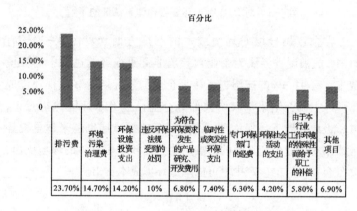

百分比

	排污费	环境污染治理费	环保设施投资支出	违反环保法规受到的处罚	为符合环保要求发生的产品研究、开发费用	临时性或突发性环保支出	专门环保部门的经费	环保社会活动的支出	由于本行业工作环境的特殊性而给予职工的补偿	其他项目
	23.70%	14.70%	14.20%	10%	6.80%	7.40%	6.30%	4.20%	5.80%	6.90%

图4-3　企业目前环境支出的实际情况

从调查结果看，大多数企业普遍存在的环境支出项目为"排污费"（占23.7%）、"环境污染治理费""环保设备投资支出""违反环保法规受到的处罚"，企业所参与的"社会性环保活动"以及"对企业员工因所处环境问题给予的补偿"所占的比例较小，这也进一步表明企业自发性环境成本核算的理念还有待加强。

（2）企业实施环境成本控制的原因及核算方法。从表4-3

可以看出，企业对环境成本进行控制的最主要原因是树立企业的形象，提高企业的知名度（占31.3%），其次就是应对政府环保法规的强制要求。目前，针对企业环境成本核算的方法还没有具体的规定，企业主要结合自身的经营特点来选择合适的方法，从表4-3可以看出大多数企业采用污染量及国家的收费标准（占41.4%）进行环境成本归集，而采用作业成本法对环境成本进行核算（仅占4.3%）的企业相对较少，这也说明了企业越来越重视对环境成本的控制，但是大部分采用了污染缴费这种简单的事后处理手段。作业成本法尽管有很大的优越性，但可能真正实施起来要考虑很多方面的因素，在企业间还没有得到很好的推广。

表4-3 企业环境成本控制的原因及核算方法

环境成本 控制原因	个数 （个）	百分比 （%）	环境成本 核算方法	个数 （个）	百分比 （%）
树立企业 良好形象， 提高知名度	41	31.3	完全成本法	18	25.7
减少环境 污染罚款	25	19.1	作业成本法	3	4.3
改善职工 工作环境	21	16	污染排放量及 国家有关收费 标准	29	41.4
政府管理 机构的要求	31	23.7	环境质量成 本法	1	1.43
迫于社会 和公众的压力	13	9.9	其他	19	27.17
合计	131	100	合计	70	100

4.6.2.4 作业成本法核算环境成本情况分析

（1）企业产品的多样性。为了适应日益激烈的竞争环境，满足顾客对产品不断变化的需求，企业的发展呈现多领域化。主打一种产品会使企业存在很大的经营风险，因此企业生产的产品在不断变化，产品多样化程度在不断提高。如图 4-4 所示，被调查的企业中企业产品种类在 5 种以上的占 48.6%，生产单一产品的企业仅占 18.6%。产品种类的多少是影响作业成本法应用的重要因素，理论研究表明，生产的产品多样化程度越高，企业应用传统成本方法的弊端越明显，越适合选用作业成本法。

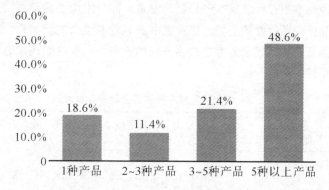

图 4-4　产品种类情况

从成本核算原理来分析，在主要生产一种产品的企业中，企业采用传统的成本核算方法，产品分摊的间接费用就可以很直接地追溯到产品中去，不会影响企业产品成本核算的准确性。然而在生产多种产品的企业，尤其是生产多样化的产品且生产复杂度高的企业，不同种类产品所消耗的间接费用存在着很大的差异性，与产量或者工时并不存在必然的相关性，这类企业如果用传统的单一的方法来分摊间接费用就会存在很大的不合理性，扭曲产品的成本信息。而作业成本法的优势就在于分配间接费用时，依据成本动因，将复杂的间接费用追溯到发生的原因，从本源上进行分配，提高产品成本核算信息的真实性、准确性，因此，产品的种类越多且品种差异性越大的企业越适合且应当采用作业成本法。

（2）企业员工对作业成本法的了解情况。调查结果如表4-4所示，企业的被调查者们大多数表示对作业成本法有基本了解。就了解程度来看，企业的管理人员和财务主管人员的了解程度高于一般员工，普通财务人员（如出纳、会计）没有很深入的了解。这一结果与管理人员和一般员工不同的职能分工相符合。管理人员或财务主管人员需要利用成本信息进行相关分析、决策，他们已经意识到传统的成本方法不适应企业发展的需求；而大多数普通财务人员所学的是传统的成本核算方法，对于作业成本法的概念仅是从会计课本上获得的较为浅显层次的了解，很难将理论运用于实践；企业非财会专业的普通员工则仅需做好本职工作，在企业没有进行这方面知识的宣传时，他们很少会利用或关注企业的成本信息。这样的结果也反映了我国企业内部对作业成本法的宣传力度还不够，想要实施、推广的决心也不足。

表4-4　员工对作业成本法的了解情况　　单位：人

了解情况	很了解	基本了解	不太了解	不了解	人数合计
高层管理者	1	3	4	1	9
部门负责人	0	4	2	4	10
财务主管	3	6	0	0	9
出纳	0	2	3	3	8
会计	0	5	9	0	14
普通员工	0	3	5	12	20

（3）企业是否实施作业成本法及实施效果。如表4-5所示，所调查的企业中仅有一半的企业有意向实施作业成本法，这说明作业成本法的优势已经被大多数企业认可；企业认可却没有

实施或者没有意向去实施，反映了应用作业成本法的企业比较少，而且应用程度还不够深入。作业成本法在应用前期需要较多的员工、资源投入，对数据的要求过于繁杂，所耗用的时间也比较长；而且作业成本法的应用还需要许多配套的信息技术、专业的人才等。短期来看，作业成本法所耗用的费用较高、实施过程相对复杂，对企业成本改善起到的效果不是很明显。这可能也是企业明知作业成本法的优势，但为了追求短期利益规避风险，而没有将其付诸实践的原因。

表 4-5　作业成本法实施效果

实施效果	企业数（个）	百分比（%）
有意向，还没实施	35	50
没有意向	28	40
实施，但无效果	2	2.9
实施，但效果不显著	3	4.3
实施，有一定效果	1	1.4
实施，且效果显著	1	1.4

（4）采用作业成本法核算环境成本的难点。企业实施作业成本法需要进行系统的规划，还需要很多的技术支持和准备工作。我们通过对大量学者文献、硕博论文的精读与研究，并结合本次问卷调查的结果，总结出了六个方面的主要影响因素。见图 4-5。

如图 4-5 所示，企业进行作业成本核算最重要的影响因素是进行核算时所需要的具体数据难以搜集，比例为 28.3%，其次就是成本动因难以选择、缺乏技术和软件支持。

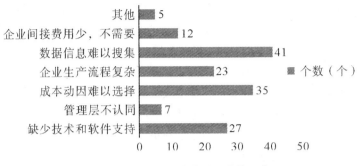

图 4-5　制约作业成本法实施的因素

4.6.3　采用作业成本法核算环境成本时存在的问题

采用作业成本法核算环境成本时存在的问题主要有以下几点:

（1）相关环保法规不够完善。近几年环境污染问题突出,严重影响了人们的生活质量。国家为了治理环境问题,相继出台和修订了一系列与环境相关的法律法规,对新的环保法规也进行了修改和规范,但是关于环境成本核算的相关规定并不健全,也不够详细,我国目前还缺乏专门针对污染企业自身特点的环境成本核算规章制度,现有的环保法规在企业环境会计信息的披露和成本认定方面存在一定的缺陷,影响环境成本各项目的分类和归集。

（2）作业划分和成本动因的选择存在主观性。作业成本法核算中的成本动因的选择和作业的划分主要是由专业财务人员主观判断的。作业成本法适合产品多样化的企业,依据作业成本法的核算程序,企业首先需要人为划分作业活动中涉及的作业,每个作业中心消耗多少资源,等等,这要求数据的涵盖范围广。然而现有的成本系统所能提供的数据信息资料有限,尤其是企业规模较大、业务流程比较繁杂的企业,只依靠会计人员的手工统计，搜集详尽的数据资料的工作量很大，并且带有一定的主观性，不同人员提供的数据就会有不同的核算结果，这必然对环境成本计算的准确性造成一定程度的影响。

（3）部分高级管理人员和员工不认可作业成本法。作业成本法没有得到很好的推广，其中很大一部分原因在于很多企业高管不愿意将这种成本核算方法引进公司，其原因主要有：一是引入一种新的成本核算系统，会消耗一定财力，要购买该系统，还要雇专业人才对企业相关人员进行培训。二是目前的财务系统已经能满足企业各项核算审核的需要，企业决策层觉得没必要花费财力物力引进新的核算系统。三是如果将作业成本法引进来，在这种方法的核算下，企业的一些灰色费用会被暴露，因为作业成本法是对企业真实成本的分析和控制。因此，高管们为了自身利益也不愿意引进该核算系统。四是如果一个企业的环境成本在总成本中占的比重较大，那么实施作业成本法会对企业经营发展产生一些不利的影响。基于以上原因，很多高级管理者成为阻碍企业实施作业成本法核算环境成本的一个重大因素。

很多企业员工之所以会阻碍以作业成本法核算环境成本，主要原因有两点：一是引入作业成本法系统后，该系统对很多员工来说是一个全新的系统，需要他们花费时间重新进行学习认识，直到熟练应用，这会让员工心中有一定的抵触心理。二是作业成本核算的高效率，承担了大量人工操作的工作，会使一部分员工有被解雇或调岗的危险，这也会引起一些员工不满的情绪。

（4）缺乏相匹配的高素质的专业人才。作业成本法并不是一个简单的成本核算方法，尤其是成本动因需要人工进行选择，选择的正确性直接关系到成本核算的准确性。这不是一个仅拥有会计从业资格的人就能胜任的，它需要高素质、高层次、经验丰富的专业人员甚至是一个专业团队来进行专业操作。而目前中国会计从业人员虽然很多，但这种高素质、高层次、经验丰富的人才却较少，还有很多高素质人才不愿意就业于中小型企业，所以，人才缺乏成了作业成本法不能被广泛实施的又一因素。

（5）信息技术相对落后。采用作业成本法需要进行很多数据的收集和处理，而我国很多企业缺少技术上的支持，这一定程度上影响了作业成本法的实施。因为作业成本法的应用环境是高科技制造环境，产品的生产和管理信息的收集和处理都高度程序化，并且这些程序要通过高度自动化的设备来完成。基于作业成本法核算环境成本，需要根据成本动因建立成本数据库。各项间接费用的分配标准也发生了变化，即为了增强分配的准确性，由原来的一种标准变成多标准，增加了信息数据的收集和处理工作。如果仅仅依靠人工去完成，不但效率低下，而且准确率得不到保障。这就需要开发与作业成本法核算相适应的管理软件来为该方法的实施提供技术支持。现阶段，我国企业整体的软件装备和信息化水平仍然很落后，国内开发的软件很少有适用作业成本法的信息系统，而从国外引进的软件不仅成本高，而且与我国的成本模式存在差异，不能在我国企业得到广泛应用和推广。

4.6.4 案例分析——以 C 铝棒生产企业为例

随着国家的迅速发展和人民生活质量的提高，国家和社会公众对于环保的要求越来越高，新环保法规的颁布也对污染行业提出了更高的要求。我国如今已成为全球最大的铝生产国，但是在工业总体实力增强的同时，资源能源消耗高、污染排放强度大等问题依然突出，生产中大量废水、废渣、烟尘等的排放提高了铝生产行业的成本，严重影响着该行业的利润水平，制约着铝生产行业的发展。为了更好地解决这一问题，深入研究铝生产行业的环境成本，运用作业成本法对其进行核算分析是非常必要的。山东省是铝制造行业大省之一，而且环保工作一直走在国内同行业的前列，所以本书选取了山东省 C 铝棒生产企业（以下简称 C 企业）进行案例研究，以期能够对该行业应对环境问题提供一点有用的借鉴。

4.6.4.1 企业概况

铝制品行业所生产的产品种类繁多，属于我国的高污染行业，进行环境成本核算是该行业不容推卸的责任。铝制品行业在生产和加工环节会产生引发环境问题的废气、废水及固体污染物等。就铝棒生产行业来说，铝棒的生产环节主要经过配料、熔炼、精炼、铸造和处置等阶段。铝棒的熔炼过程会产生烟尘和大量的有机废气，烟尘中含有较高的有毒有害金属和二噁英剧毒成分，企业必须对这些污染物加以严格控制。在未来发展中，考虑对环境带来的影响，实施环境成本控制，选择最有效的核算方法减轻对环境资源的耗费，走清洁生产、绿色生产的道路，是铝制品行业立足社会、生存和发展的必然选择。

C 企业建于 2002 年，注册地位于山东省滨州市邹平县。该企业产品种类繁多，主要的产品种类有铸造铝合金、铝板带、各种型号的铝棒等，其大量产品被销往全国各地，被广泛应用于航空、交通运输、工业制造、建筑等领域。企业自成立以来一直坚持"创新驱动、质量为先、绿色发展、结构优化、人才为本"的管理理念，年综合产能已超过 400 万吨，是国内规模较大的铝合金材料生产基地之一，荣获"高新技术企业""中国民营 500 强""中国制造业 500 强""山东百强私营企业"等诸多荣誉称号，并连续多年被金融部门评定为 AAA 级信用企业。

（1）在环保投资上，多年来，C 企业一直致力于环保事业，先后引进国际先进环保处理工艺装备，投资 6 000 余万元引进了世界最先进的德国洛伊双室熔炼炉，以提高对铝合金废料的处理能力和利用率，C企业还致力于开发短流程合金化工艺、铸造高品质铝合金、促进铝资源回收等，使自身在全国铝合金市场形成绝对的规模优势，铺就一条短流程、高品质、低能耗、易回收的绿色铝业发展之路。

（2）在环保研发方面，企业高度重视科研投入和产品研发，始终坚持"科技兴企"的理念，在省内成立了合金产品研究院，主要承担"山东省高强高韧铝合金新材料工程研究中心"和"山东省企业技术中心"的研发工作。企业还不断引进科学家、博士、硕士等高级人才，为企业的发展注入新鲜的源泉和动力，培育企业自有的环保技术创新能力，积极开发清洁生产新技术、废物综合利用技术和污染治理新工艺；进行国家级项目、企业自身发展项目以及客户需求项目的开发，大力投入新产品的研发、试制、产业化等，长期的科技投入使企业的产品结构发生了根本性的变化。此外，该企业集团还与上海交通大学、武汉大学、山东大学等建立了良好的合作关系，充分利用产、学、研强强联合的优势，提升自主创新能力，努力实现先进科技成果的市场化。

（3）在环境管理方面，企业管理层积极响应国家绿色可持续发展号召，高度重视对良好环境的营造，已通过ISO9001：2008及ISO/TS16949：2009质量管理体系、ISO14001：2004环境管理体系以及QC080000：2012有害物质过程管理体系认证，建立了有效的产品质量和环境管理体系。然而在环境成本控制方面，C企业的研究还比较落后，一直采用传统的成本核算模式。随着全球对环境产品需求的增长，公司已经深切感受到可持续、绿色经济带来的压力，现有的环境成本核算方式已经不能满足企业、投资者、客户和公众对成本信息的需求，针对铝棒生产企业设计一套合适的成本核算程序，即运用作业成本法来核算环境成本已经迫在眉睫。

4.6.4.2　生产工艺流程

笔者将铝棒生产主要分为四个阶段：配料、熔炼、铸造、处置。其中配料阶段需依据所要生产的铝棒类别计算出所需要的主料和辅料的数量和类型；熔炼阶段将配好的原料按照规定流程投入熔炼炉内进行熔化，并通过搅拌、取样分析、扒渣、两次精炼、除气和过滤等环节将熔炼过程中产生的废气、烟尘、废渣除去；铸造阶段在一定的铸造工艺条件下，通过工装铸造并设备，将熔炼好的铝液冷却铸造、锯切成各种规格的圆铸棒；处置阶段将合格的成品入库准备出售，不合格的则要回收，并对废弃物料进行填埋等。对 C 企业来说，对环境的影响主要发生在熔炼、铸造和处置阶段，主要污染物有废气、废渣、灰尘和工业废料等。具体生产工艺流程如图4-6所示。

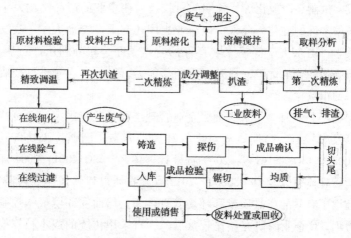

图4-6　C企业生产流程图

从图4-6和表4-6可以看出,，铝棒的生产是多步骤分阶段进行的，同一型号的铝棒生产流程一般是固定的。从流程图可以看出，C 铝棒生产企业的产品成本包括投入材料费用、耗用的人工费和归集的制造费用三部分。材料费用包括主要材料铝水、镁锭、工业硅等和辅助材料过滤板、耐火泥等的费用；人工费包括参与铝棒生产的工人的工资、福利费等；制造费用是指企业生产中不能直接计入某一产品成本的间接费用，包括生产设备（熔炼炉、铸造井）、废渣回收设备等的折旧费，维修费用、车间管理人员的工资、福利费，员工培训费等。

表 4-6　C 企业主要生产用料及单价

主要材料	单价（元/吨）	辅助材料	单价
铝水	10 000	过滤板	136 元/片
镁锭	11 282	耐火泥	14 529 元/吨
工业硅	10 256	精炼剂	2 478 元/吨
铜	33 051	氮化硼	435 元/千克
钛铜丝	15 692		

4.6.4.3　C 企业成本核算现状

本研究所说的成本主要是应当归属于或分摊至企业产品成本的那部分费用。依据我国通用的企业会计制度，铝制品生产企业将生产活动中发生的成本费用区分为两类，一类是比较容易区分的、发生时能够确认的产品成本，主要通过销售环节来影响企业的利润；另一类是不容易确认或分摊至产品成本的费用，这类费用常常在发生时，直接被归集到损益类账户，直接影响企业的利润。

（1）计入产品成本的费用包括直接用于生产的主要材料和辅助材料成本、生产车间工人的工资和为生产提供支持的供电车间、厂房或环保设备的费用。详细的核算方式为：第一，为生产产品而购买的原材料，依据所消耗的数量和购买成本的乘积将计算出的费用计入"生产成本——直接材料"科目；第二，向直接参与生产环节的生产工人支付的工资、福利费等，按照企业的工资分配方法计入"生产成本——直接人工"科目；第三，为了维持生产的正常进行而发生的生产工人的培训费，车间管理人员的工资、办公费，生产设备（熔炼炉、铸造井）、废渣回收设备的折旧费、维修费等，先将其发生额归集到制造费用中，然后按照企业规定的统一标准进行分配，计入产品生产成本。

（2）将本月发生的总的产品成本费用，加上月初在产品的成本，按照企业惯用的分配方法（例如约当产量法、定额比例法）在完工产品和在产品之间进行分配。若企业每期末在产品数量很少，可以忽略不计，则将所有产品费用全部计入该期间的完工产品成本中去。

（3）对于企业生产中因排放污染物按规定缴纳的排污费，因超标排放而缴纳的罚款，为了提升企业环保形象所规划出的环境保护费用、环境管理费用等，尤其是与环境有关的支出，企业应在其实际发生时将其作为管理费用支出。对于一些金额相对较大的跨期间的环保费用支出，企业应看情况计入待摊费用等并作后续的会计处理，例如金额较大的环保设备投资，购买时作为固定资产；在后续运营时期，按企业现行的折旧方式进行摊销处理计入制造费用；期末将归集的所有制造费用按一定的方法分配到产品成本中去。还有些企业将其环境相关费用计入制造费用，然后采用传统成本方法分配计入成本对象等。

综上所述，现阶段，铝棒生产行业并没有针对环境成本单独设置核算账户，而是简单地将其计入资产负债表中原有的损益类科目或按照传统的分配标准对其进行分配。这种核算方式不能清晰地反映企业环境支出的情况，不能正确地反映产品成本信息，存在着许多弊端，长此以往，会降低企业的环保积极性，不利于可持续发展政策的实施。因此，企业应该采用合理的环境成本核算方法即作业成本法，明确环境成本发生的动因，准确确认各产品应该承担的环境成本，并且采用作业成本法可以促使企业不断改进工艺，降低对环境的污染。

4.6.4.4　企业基于作业成本法的环境成本核算设计

1. C 企业环境成本的确认和计量

笔者搜集了 C 铝棒生产企业 2015 年上半年的业务资料，选取了其中一个车间的两条生产线进行研究：生产线甲生产型号 1 铝棒，生产线乙生产型号 2 铝棒。该企业每条生产线有生产工人 8 人，采用 8 小时工作制，三个班次每天不间断生产。最后整理出该企业在 2015 年上半年发生的与环境有关的业务，企业的核算单位为万元。

2015 年 C 生产企业与环境有关的具体业务和账务处理如下：

（1）2015 年年初，企业为了进行 3 年期的环保技术研发，投入资金 50 万元，按直线法，该期间分摊 8.333 万元。

企业账务处理：

借：环境成本——环境预防成本——研发支出　　8.333

　　贷：银行存款　　　　　　　　　　　　　　　8.333

（2）2015 年上半年，企业为了让一线工人更好地开展环保生产、安全生产，组织了一期专门的培训活动，花费培训费 1.5 万元。

企业账务处理：

借：环境成本——环境预防成本——培训费　　　1.5

　　贷：银行存款　　　　　　　　　　　　　　　1.5

（3）2015 年上半年生产环节中，企业对熔炼炉中产生的废气进行治理，发生治理费 2.367 万元。

企业账务处理：

借：环境成本——环境治理成本　　　　　　　　2.367

　　　　贷：银行存款　　　　　　　　　　　　2. 367

　　（4）2015年上半年3月份，企业新购买废渣回收处理设备，耗费25.6万元，设备使用年限10年；按照企业固定资产的核算方式，采用直线法计提折旧，按3%计提设备折旧费用，分摊到2015年上半年的折旧额为0.620 8万元。

　　企业账务处理：

　　　借：固定资产　　　　　　　　　　　　　25.6

　　　　贷：银行存款　　　　　　　　　　　　25.6

　　　借：环境成本——环境治理成本——设备运营费

　　　　　　　　　　　　　　　　　　　　　0.620 8

　　　　贷：累计折旧　　　　　　　　　　　　0.620 8

　　（5）6月末企业原有的完全用于环保的设备发生折旧费5.744 6万元，企业进行设备修理，支付费用0.228万元。

　　企业账务处理：

　　　借：制造费用　　　　　　　　　　　　　5.972 6

　　　　贷：累计折旧　　　　　　　　　　　　5.744 6

　　　　　银行存款　　　　　　　　　　　　0.228

　　（6）2015年6月末，企业共支付废气排污费用3.63万元。

　　企业账务处理：

　　　借：环境成本——环境补偿成本——排污费　3.63

　　　　贷：其他应付款——排污费　　　　　　3.63

　　实际支付时的账务处理：

　　　借：其他应付款——排污费　　　　　　　3.63

　　　　贷：银行存款　　　　　　　　　　　　3.63

　　（7）2015年6月末，企业对这两条生产线发生的难以回收的废渣和工业废料共128吨进行处置或填埋，市场价每吨25元，一共发生处置费用0.32万元。

　　企业账务处理：

借：环境成本——环境治理成本　　　　　　0.32
　　贷：其他业务支出　　　　　　　　　　　　0.32
实际支付时的账务处理：
借：其他业务支出　　　　　　　　　　　0.32
　　贷：银行存款　　　　　　　　　　　　　　0.32
（8）2015年上半年，企业共发生环境保护和绿化费4.353 1
万元。
企业账务处理：
借：环境成本——环境补偿成本——绿化费　4.353 1
　　贷：银行存款　　　　　　　　　　　　　　4.353 1
（9）C企业排放的有害物质包括烟尘、二氧化硫、氮氧化
物等。2015年上半年，企业的主要污染物及废弃物排放情况如
表4-7所示。

表4-7　企业的污染物及废弃物排放情况　单位：吨

污染物	烟尘	二氧化硫	氮氧化物
排放量	13.11	27.6	19.32

在计算这些污染物的成本时，我们采用一个通用的公式，
即$C=R×Q$。其中，C代表总成本；R代表对每单位污染当量的
收费标准，现在我国是按每当量0.6元进行收费；Q代表污染
物的当量数，即污染物的实际排放量和标准污染当量值之比。
我国排污管理条例对企业排放的污染物的当量数有以下规定：
烟尘为2.18/kg，二氧化硫为0.95/kg，氮氧化物为0.95/kg。根
据上述计算方法和所给数据，计算如下：
烟尘：$[（13.11×1\,000）/2.18]×0.6=0.360\,8$（万元）
二氧化硫：$[（27.6×1\,000）/0.95]×0.6=1.743\,2$（万元）
氮氧化物：$[（19.32×1\,000）/0.95]×0.6=1.220\,2$（万

元）

以上三项之和，即为所有气体污染物的环境成本：

0. 360 8+1. 743 2+1. 220 2＝3. 324 2（万元）

企业账务处理：

借：环境成本——环境补偿成本　　　　　　 3. 324 2

　　贷：银行存款　　　　　　　　　　　　　 3. 324 2

（10）该企业的型号 1 铝棒和型号 2 铝棒环境成本的耗费明细见表 4-8。

表 4-8　产品环境成本耗费明细表

项目 ＼ 产品	型号 1 铝棒	型号 2 铝棒	合计
铝棒生产机器工时（小时）	2 000	2 320	4 320
铝棒研发机器工时（小时）	720	720	1 440
员工数量（人）	8	8	16
废气排放量（吨）	28.49	31.53	60.02
废物料处理量（吨）	58	70	128
环保设备维修次数（次）	4	6	10

根据对 C 铝棒生产企业环境成本内容的归纳，结合企业发生的环境作业活动耗用的资源，以及对企业会计资料记录的相关经济业务和相关部门的统计数据的分析，我们可以计算出 C 企业应该承担的环境成本，计算结果见表 4-9。

表4-9 产品环境成本计量

一级科目	二级科目	三级科目	计量方法	金额（万元）
环境成本	环境预防成本	环保产品研发费用	差额计量法	8.333
		员工培训费	全额计量法	1.5
		环保设备投资	差额计量法	25.6
		环保设备运营费	差额计量法	6.365 4
	环境治理成本	废气治理成本	全额计量法	2.376
		固体废料处置费	市场价值法	0.32
		环保设备维修费	全额计量法	0.228
	环境补偿成本	大气污染损失成本	市场价值法	3.324 2
		企业绿化费	全额计量法	4.353 1
		排污费	政府认定法	3.63
	合计			56.029 7

2. C 企业作业成本法核算环境成本的过程

（1）确定环境作业。现行的会计准则和企业会计制度，都还没有对环境作业进行规范的统一的划分，大部分关于环境成本和环境作业确认的标准都散见于许多研究者发表的期刊文献中。C 铝棒生产企业在生产中并没有对环境成本进行单独核算，笔者根据前面章节对企业环境成本的界定和分类，通过广泛查阅文献资料，并结合 C 铝棒企业的生产工艺流程特点和具体的环境支出，对 C 铝棒企业环境成本的构成内容进行了归纳，见表4-10。

表4-10 C 铝棒企业环境成本构成内容

铝棒生产工艺流程阶段	主要的环境成本内容
生产准备和原料投放阶段	环保铝棒研发费用、研究开发人员的薪金、铝棒安全清洁生产培训费等

表4-10(续)

铝棒生产工艺流程阶段	主要的环境成本内容
铝棒熔炼、铸造阶段	废气治理设施的投资支出,废渣回收设备年运行维护成本(包括折旧费),废气、灰尘和废渣环境损害成本,缴纳的污染物排污权费用等
铝棒废弃物处置阶段	工业废料、废渣处理成本(回收、填埋),对相关企业和员工的赔偿费等

(2)建立环境作业成本库。依据以上步骤确定环境作业,建立相对应的作业成本库。因为C企业各环境作业的发生动因之间存在很大的差异性,C企业生产经营活动中发生的环境成本较少。为了更好地展示引起每项环境成本支出的作业项目,笔者对C企业发生的每项作业都单独建立相对应的作业成本库,并分别进行作业成本费用归集,其中废气治理作业和废气排放损失作业都是由于废气的排放引起的,可以归为同一作业成本库。具体的成本库类别见表4-11。

表4-11 环境作业成本库分析表

环境作业成本库	作业项目
环保产品研发作业成本	环保铝棒技术研发
环保设备投资作业成本	废渣回收设备投资
废气治理成本	铝棒生产和加工环节废气治理
	二氧化硫、氮氧化物、烟尘排放
环保设备运营作业成本	环保设备折旧
环保设备维修费	维修环保设备
排污作业成本	废气、烟尘超标排放
固体废物污染作业成本	铝渣处置、填埋
员工培训作业成本	员工安全清洁生产培训
企业绿化成本	植树、环境绿化

（3）确定环境成本动因。根据建立的环境作业成本库和对应的作业项目，确定相应的环境成本动因。具体的成本动因及动因统计总量见表4-12。

表4-12　环境成本动因分析表

作业项目	成本动因
环保铝棒技术研发	铝棒研发工时（1 440 小时）
废渣回收设备投资	铝棒生产工时（4 320 小时）
铝棒生产和加工环节废气治理	废气污染排放量（60.02 吨）
二氧化硫、氮氧化物、烟尘排放	铝棒生产工时（4 320 小时）
环保设备折旧	维修次数（10 次）
维修环保设备	废气、烟尘、铝渣排放量（188.02 吨）
铝渣处置、填埋	铝渣处置数量（128 吨）
废气、烟尘超标排放	废气、烟尘污染排放量（60.02 吨）
植树、环境绿化	员工人数（16 人）
员工安全清洁生产培训	员工人数（16 人）

（4）依据每个环境作业成本库的作业成本和作业动因总量，分别计算每类环境成本动因的分配率，并逐一分配至各产品，见表4-13。

表4-13　环境成本的分配　　　单位：万元

环境成本内容	环境作业成本库	成本动因分配率	型号1铝棒	型号2铝棒
环境预防成本	环保产品研发作业成本	57.87 元/小时	4.166 5	4.166 5
	员工培训作业成本	937.5 元/人	0.75	0.75
	环保设备投资作业成本	59.26 元/小时	12.8	12.8

表4-13(续)

环境成本内容	环境作业成本库	成本动因分配率	型号1铝棒	型号2铝棒
环境治理成本	环保设备运营作业成本	14.73 元/小时	3.183 7	3.183 7
	废气治理成本	395.87 元/吨	1.127 8	1.248 2
	固体废料处置作业成本	25 元/吨	0.145	0.175
	环保设备维修费	228 元/次	0.091 2	0.136 8
环境补偿成本	大气污染损失作业成本	553.85 元/吨	1.578	1.746 2
	企业绿化成本	2 720.69 元/人	2.176 55	2.176 55
	排污作业成本	193.06 元/吨	1.670	1.96
合计			27.69	28.343

通过上述作业成本计算法，我们最终将 C 企业原先计入管理费用的环保设备维修费、排污费等费用依照它们发生的动因分配到了型号1铝棒和型号2铝棒中，合理、准确地归集和分配了环境成本，型号1铝棒分摊的环境成本为27.69万元，型号2铝棒分摊的环境成本为28.343万元。型号2铝棒分摊的环境成本较多，企业管理层应当重点关注型号2铝棒的生产工艺改进。结合整个企业的生产流程，我们可以了解到企业的废弃物产生和原辅材料以及能源、生产工艺、设备、过程控制等有关，例如设备的先进程度及过程控制对废弃物产生量的多少起到了关键作用，管理和员工素质的高低在整个生产过程中对废弃物的产生起到了直接的作用。因此，企业要重点在产生废弃物的量的控制、废弃物的循环利用和降低消耗方面采取措施，促进自身实现清洁生产，达到节能、减污、增效的目的。

3. C 企业环境成本报告

在前面章节已经介绍过环境成本报告的两种披露形式。为了给信息使用者提供全面的环境成本核算信息，使他们能依据环境信息做出更有利的决策，笔者在该案例企业中采用独立的环境成本报告方式，针对 C 企业的具体环境成本信息和计量结果设计了企业的环境成本报告，见表4-14。

表4-14　C企业环境成本报告

目录			金额（万元）	污染物项目	数量（吨）
环境成本	环境预防成本	环保产品研发费用	8.333	烟尘	13.11
		员工培训费	1.5	二氧化硫	27.6
		环保设备投资	25.6	废渣和工业废料	128
		合计	35.433		
	环境治理成本	环保设备运营费	6.365 4		
		废气治理成本	2.376		
		固体废料处置成本	0.32		
		环保设备维修费	0.228		
		合计	9.289 4		
	环境补偿成本	企业绿化费	4.353 1		
		大气污染损失成本	3.324 2		
		排污费	3.63		
		合计	11.307 3		
	合计		56.029 7		

从报告中可以看出，企业的环境预防成本所占比重最大，而且相对集中在环保研发和环保设备投资方面，这说明C企业在环境保护和环保投资方面已经做出了很大的努力，体现了企业绿色、可持续发展的理念；企业废气治理费用支出、绿化费支出体现了C企业进行环境成本控制和治理的决心；但是企业大气污染成本和排污费用也相对较高，说明C企业的排污量还是比较大的，主要污染物就是大气污染物，企业对环境成本的支出还能进一步降低。

4.C企业应用作业成本法效果评价

通过对C铝棒生产企业两条生产线基于作业成本法进行的环境成本核算的分析结果，我们可以看出，在C企业各个车间、各个生产线较为全面地推广作业成本法是可行的。通过环境作业在环境资源与产品成本之间建立联系，通过分析环境作业的动因来追踪环境资源发生的环节和流向，企业可以清晰地了解环境支出的细节，解决环境成本分配不明确、不合理所带来的一些问题。具体来看，有以下特点：

（1）铝制品生产行业在我国属于高污染行业。C 铝棒生产企业运用作业成本法进行环境成本核算，不仅体现了企业践行国家可持续发展政策的要求，勇于承担环保责任的使命，而且将各项环境支出按照其产生的原因进行归集和分配，在一定程度上清晰明了地反映了哪些产品所承担的环境费用多、哪些产品所承担的环境费用少，对于那些没有必要或非增值的作业（例如，设备调试、维修），企业应尽可能地转化或消除，这为管理层进一步对耗费环境费用多的产品进行改进指明了方向，有利于降低成本，加强企业的环境成本管理。

（2）企业在具体的生产过程中，对环境成本进行核算是一个比较复杂繁琐的过程。尽管运用作业成本法能够有效解决成本分配不正确的问题，但是彻底摒弃原有的方法，尤其是在工艺复杂的企业完全采用作业成本法，面临着所需要搜集的数据涵盖范围广、动因种类多、统计工作量大等问题，在操作时，许多会计人员会感到无从下手。因此，为保障作业成本法的顺利推行，企业在实施时，务必要结合本企业的具体生产流程，设计一套适合本企业的核算程序，在整个企业内部开展作业成本法的学习和培训。企业领导和员工齐心协力，一定能促进作业成本法更好地与企业的实践相契合，更好地为控制企业的环境成本服务，更好地提升企业的环保形象。

5 环境管理会计国际应用研究

世界上已经掀起了环保运动的浪潮，而我国也出台了以环保为经济发展保驾护航的国策，环境管理要求日益严格，公众环保意识也日益高涨。在激烈的国内外市场竞争中，我国企业要生存与发展，就不能不把环境因素纳入战略和日常决策中。目前，已有不少企业意识到这点，并开始做出环境管理方面的努力，例如自愿推行 ISO14000 环境管理体系，申请产品的环境标志认证，在经营决策中采取环保措施，节约能源，降低能耗。本章从环境管理与会计学交叉的角度来研究环境管理会计的应用问题。

5.1 环境管理会计的产生与发展

环 境 管 理 会 计（Environmental Management Accounting，EMA）是近年来管理会计发展的一个新领域，伴随着可持续发展这种新经济增长模式的出现，环境管理会计在 20 世纪 90 年代产生。人们对环境保护越来越重视，企业对环境相关的成本和收益有必要进行衡量。

5.1.1 EMA 的产生

传统观念上的发展主要以国民生产总值的增长为主要指标，

以工业化为基本内容。基于这种发展理论，形成了第二次世界大战之后空前的"增长热"，引发了新的矛盾，出现了环境污染和生态恶化等严峻的问题。为了走出困境，20世纪80年代学者们提出的"可持续发展战略"得到了世界各国的普遍认可。第一次把"可持续发展"作为一个当代科学术语明确提出来的是1980年发表的《世界自然保护大纲》。这一大纲是国际自然保护联盟受联合国环境与开发署的委托，在世界野生生物基金会的支持和协助下制定的。为了使人们对《世界自然保护大纲》中所提出的观念有更进一步的了解并将其落实到行动上，世界自然保护联盟于1981年推出了另一部具有国际影响的文件《保护地球——可持续生存战略》。这一文件从社会科学的角度，对"可持续发展"做了进一步的阐述。对"可持续发展"概念的形成和发展起到重要推动作用的是世界环境与发展委员会（1983年11月成立）于1987年2月向联合国提交的一份题为《我们共同的未来》的报告。报告对当前人类在发展和环境保护方面面临的问题进行了全面和系统的分析，提出了一个被世人普遍接受的有关可持续发展的概念，认为可持续发展就是"满足当代人的需求，又不损害后代人满足其需求能力的发展"，并指出，过去我们关心的是经济发展对环境带来的影响，现在我们迫切感受到生态的压力，如土壤、水、大气、森林的退化对经济发展的影响。到1992年6月，联合国在巴西的里约热内卢召开了"环境与发展"全世界首脑会议，通过了《里约宣言》和《21世纪议程》等重要文件。与会各国一致承诺把走可持续发展的道路，保护环境，作为未来的长期共同的发展战略，这是各国第一次把可持续发展问题从理论和概念推向行动。

世界各国越来越关注环境问题，使得会计学者认为，应该对环境有关的成本、收入和利益进行确认，而传统的会计方法不能明了且充分地提供这方面的信息。为了能够解决这个问题，环境管理会计开始慢慢地受到重视。在 20 世纪 90 年代，美国环境保护协会首先提出应该建立正式的程序来推广环境管理会计。从那时开始，世界上已有 30 多个国家先后开始推行环境管理会计，将其用于各种目的的与环境相关的管理活动中。

5.1.2 关于 EMA 概念的研究

EMA 最早是由联合国"改进政府在推动环境管理会计中的作用"专家工作组提出的，他们认为环境管理会计是"为满足组织内部进行传统决策和环境决策的需要，而对实物流信息（如材料、水和能源等）、环境成本信息和其他货币信息进行的确认、收集、估计，编制内部报告和利用它进行决策"。这个定义强调了环境管理会计范畴内需考虑的实物流信息及货币流信息，以及环境管理会计通常使用的信息分析技术。美国环保局（1995）从管理会计的定义出发，将 EMA 表述为："为帮助组织决策而确认、收集和分析关于环境成本和环境业绩的信息过程。"国际会计师联合会（1998）提出环境管理会计是透过发展和实行适当的会计系统来管理环境面以及经济面的表现。Stefan Schaltegger 和 Roger Burritt（2000）在文章《环境管理会计的当前进展——环境管理会计的复杂框架》中将环境管理会计定义在狭义层面，即仅包括有助于经理人员决策并对决策后果承担受托责任的环境导致的财务影响。加拿大管理会计师协会在《管理会计指南 40 号》中指出，环境管理会计是"对环境成本进行辨认、计量和分配，将环境成本融入企业的经营决策中，并在事后将有关信息传递给公司的利益关系人的过程"①。

---

① SOCIETY OF MANAGEMENT ACCOUNTANTS OF CANADA. Tools and Techniques of Environmental Accounting for BusinessDecisions [M]. Society of Management Accountants of Canada, 1996.

2005 年 2 月，在国际会计师联合会（IFAC）组织起草的《环境管理会计的国际指南——公开草案》中，环境管理会计被定义为"鉴定、收集、分析与环境内部决策相关的实物、货币两类信息的会计"。这两类信息是：①能源、水和材料（含废弃物）流动、被使用及最终处理的实物信息；②与环境相关的成本、收益等货币信息。① 尽管提法不尽相同，但环境管理会计要为企业的管理决策提供面向未来的信息（包括财务信息和非财务信息）则是共同的。本书倾向于 IFAC 的上述定义。

日本环境省（2005）的定义：环境会计是数量化评估企业环境保护活动的一种体系，企业为达成可持续发展目标，与周围环境保持良好关系，并推动同时具有效果及效率的环保活动。

EMA 强调与环境有关的成本如废弃材料的损失价值、废物管理成本；强调以实物量表示的材料和能源流动的信息；强调在企业内部环境管理和决策的许多领域使用 EMA 分析并日益用于外部报告。EMA 使企业经理更清楚地认识环境成本，从而更容易管理和降低这些成本，用于成本分配与管理、存货与生产计划、投资评价；更好地识别和预测环境管理活动的财务利益和其他商务利益；更好地计量和报告环境业绩和财务业绩，改善企业对外界呈现出的形象。

5.1.3 EMA 发展相关研究

在 20 世纪 90 年代初期，美国环保总署（USEPA）第一个通过正式程序推动实行环境管理会计。美国 EMA 的研究与应用在国际上处于领先水平。为执行 1990 年的《污染防止法案》，USEPA1992 年就建立了专门的环境管理会计项目，旨在"促进

---

① 肖序，周志方. 环境管理会计国际指南研究的最新进展 [J]. 会计研究，2005（9）.

和激励企业全方位地理解环境成本，并将其运用于决策"。1993年，由 USEPA、企业圆桌会（The Business Round table）、美国注册会计师协会（AICPA）、管理会计师协会（IMA）等国际组织联合发起了一个"国家工作室"（National Workshop）座谈会，公布了《利益相关者行动议程：工作室对环境成本的会计与资本预算的一项报告》（EPA, 1994）。这是 EMA 最早的重要文献之一。这份报告提出，要发展环境管理会计，需要解决四个中心问题：①对相关术语与概念的良好理解；②创造内部和外部的管理激励；③教育、指导和推广；④开发和传播分析工具、方法和系统。

此后 EPA 与多方合作开展环境管理会计项目且沿着两个方向展开工作：一是理论研究为企业应用提供指南；二是实践经验的总结，包括案例研究和基准（Bench Marking）研究。2000 年，USEPA 在《绿色股利——企业环境业绩和财务业绩的关系》报告中提出了推行环境战略以增加企业价值的建议并设计了全部成本评价法。该组织还研究了 AT&T 的绿色会计实施经验和五家大型石油化工企业等大量的案例。RogerL Burritt 等（2002）在文章《文化特征与环境管理会计用于职员业绩评价》中列举了文化对公司环境管理会计的影响以及如何将环境管理会计信息用于职员的业绩评价。Jiffs McDaniel 等（2000）在《环境经济增加值——HSE 战略的财务指标》中将传统的经济增加值（EVA）加入环境影响因素并将其与 HSE 组织的战略及业绩考核结合起来。Roger Burritt 等（2011）把环境管理会计和供应链管理结合起来进行研究，加强了对环境管理会计与供应链管理的联系的研究。

英国 ACCA、加拿大 CMA Canada、澳大利亚 CPA Australia、菲律宾 PICPA 和日本 JICPA 等，为了交流与协调各国对环境管理会计理论的研究，出台了一些关于环境管理会计的指导性文件（如 USEPA1995、UNDP2001、AGE2001、GEM2003、Enviro-wise2003、IFAC2005），还有与之相关的财务会计报告与环境成本核算指南（EC2001、UNCTD2004）以及统计核算与报告方面的指南（Eurostat 2001、EC2003）。这些报告和指南对环境管理会计的理论构建和实务推广起到了极大的推进作用。EMA 在 2013 年被正式列入《社会责任会计百科全书》（Encyclopedia of Corporate Social Responsibility）的词条。

我国理论界对环境管理会计的研究起步较晚，至今只有十多年的历史。2001 年 3 月，中国会计学会成立了专门的环境管理会计专业委员会，开始涉足环境管理会计方面的研究。

近年来涌现出一批对环境成本及相关的环境经营也开展研究的环境管理会计专家，如王立彦、冯巧根、许家林、孟凡利、肖华、肖序、郭晓梅等学者。与环境管理会计相关的研究论文也越来越多。这些研究以管理会计为主体，融合了财务会计学、环境经济学、发展经济学、环境管理学等学科，并借助于其他管理方法，为企业的管理决策提供了一个新的可利用的工具。

干胜道、钟朝宏（2004）对美国、欧洲、亚太等国家和地区的环境管理会计发展进行了综述；肖淑芳、胡伟（2005）介绍了环境管理会计，环境管理会计已得到许多国家政府与学术机构的关注，并为一些大型的跨国公司所采用；冯巧根（2008）探讨了环境经营的物料流量成本会计及应用；张炜（2008）认为实现企业可持续发展的重要前提是利用相关信息有效评估企业的环境状况并迅速做出正确的反应；赵丽丽（2010）对东北老工业基地实施 EMA 的必要性和瓶颈因素进行了分析；张亚连等（2012）通过问卷调查，从企业环境管理决策的主体出发，发现我国企业对于可持续发展和科学的环境管理方法等方面的认识还不足，大部分企业实施环境管理只是一种策略性行为。刘霄仑（2012）编译了美国管理会计协会的《管理会计师公告》，为我国企业提供了实例参照。学者们普遍认为推行环境成本计量和加强环境管理会计的应用是企业履行环境责任的必然要求。

通过上述对国内外环境管理会计文献的整理，我们可以看出，环境管理会计研究涉及的范围较为宽泛。学者们通过研究，对环境管理会计的理论基础和目标、环境管理会计的实施非常必要达成了共识，但国际上仍未就企业环境管理会计的总体框架体系形成一致意见。同时，我国的环境管理会计研究发展较为滞后，研究的切入点与研究路线仍比较分散。总之，环境管理会计研究交叉性较强，把环境管理引入会计工作中，其重点研究领域和应用重心在哪里？本项研究将致力于解决该问题。

5.2 环境管理会计基本理论

环境管理会计是在环境问题日益突出、可持续发展深入人心的大背景下产生的，因此，实施环境管理会计是大势所趋。可以预见，环境管理会计未来在企业中会得到广泛应用。

5.2.1 环境管理会计的目的

5.2.1.1 准确反映环境管理信息

传统会计对有关环境问题的处理缺乏有效的手段，使得环境问题在会计上一直难以得到很好地反映。在原有的会计体系中，环境支出和环境业绩等数据并非被单独披露的，而是被分散或隐藏到了其他项目之中。例如企业由于排放污染物超标而发生的罚款被列入"营业外支出"科目，污染治理费用被计入管理费用，因防治环境污染工作显著而获得的奖励收入则被列入"营业外收入"科目。这些费用支出和收入均未被追溯、归集到真正导致其发生的事项之中，使得财务提供的成本数据丧失了一定的相关性、准确性，从而可能导致环境管理决策失误。与此同时，企业内部大量非货币的数据信息则因为传统会计计量的缺陷而很难被反映与控制。环境管理会计系统的建立，能够克服传统成本核算方法的主观性和分摊标准的单一性，将与环境相关的成本单独确认与计量，可以量化企业的各项经济活动对环境造成的影响。这一方面使企业更清楚地了解产品在其生命周期中可能发生的环境成本，发现削减成本和改进产品的机会，降低环境风险；另一方面，有效的环境成本信息可以保证产品成本的完整性和真实性，从而帮助企业更准确地进行产品定价，改善企业财务业绩。

5.2.1.2　提升企业绿色竞争力

随着高科技时代的到来，人们的健康意识及环境保护意识不断增强，企业的绿色形象成为市场竞争中的重要一环。人们已不再单纯地从产量、利润的角度去评价一个企业、一个行业部门的行为，而是要求企业更好地履行保护环境及社区、提供高质量产品及服务、发放员工福利等社会责任。如果企业不能适应这一变化将有损其公众形象进而影响企业目标的实现，而一个包括了环境信息的会计系统将有助于企业应对这一状况。

5.2.1.3　促进社会资源有效配置

为了改善环境，各国政府机构及一些国际合作组织对与企业和环境有关的活动进行了多种规范和约束。例如国际标准化组织环境管理标准化技术委员会已经发布了一系列用于规范各类组织的环境管理标准，内容涉及环境管理体系、环境管理体系审核、环境标志、生命周期评估、环境行为评价等国际环境管理领域的研究与实践焦点问题；国际会计准则委员会也对部分准则进行了修改以适应环境问题的变化，如1997年其在"IAS1—财务报表列报"中写道："许多企业在财务报表外提供诸如环境报告和增值表等附表，在环境因素影响重大和雇员被视作重要的使用者团体的行业尤其如此。如果企业的管理部门认为这类附表有助于使用者进行经济决策，则本准则鼓励其提供这类附表。"企业的环境绩效也影响了企业投资人、债权人的决策，一个好的环境管理会计系统可以为他们提供相关的可靠信息从而使得投资人、债权人的决策更趋理性，并最终实现社会资源的有效配置。

5.2.2 环境管理会计的作用

环境管理会计主要有以下几个具体的作用：

（1）提供决策支持。它为相关的投资项目决策提供更为精确、完整的成本与收益信息（尤其是环境成本与收益信息），便于决策者对投资决策进行评估并确定该项目的可行性。

（2）指导产品定价。它改变传统的成本分配方式，防止不同环境影响的产品在环境成本上发生交叉补贴，通过提供产品环境成本的真实信息为制定具有竞争力的价格提供指导。

（3）协助企业健全奖罚管理制度。管理者通过它获取环境成本及其他环境信息来对企业员工的绩效进行考察进而采取相应的激励或奖罚策略。

（4）优化生产制造流程。管理者通过它对生产流程的各个程序中产生的相关环境成本进行分析，获知各个程序的准确运行状况，以便运用相应的技术或管理手段在不降低产品价值的基础上尽量减少流程中的环境成本，从而实现整个制造流程的优化。

（5）促使企业实行清洁生产。环境管理会计的推行，使得企业生产更加清洁，更多地进行环保产品的开发并通过对外提供环境信息树立企业在公众心目中的绿色形象。

除此以外，环境管理会计在影响企业活动的同时，对整个生态状况的改善、自然资源的有效使用等也将发挥重要作用。企业在运用环境管理会计实现自身目的的同时也不自觉地改善了整个社会的环境状况。因此，不论是从企业的角度还是从国家乃至世界的角度看，推行环境管理会计都是十分必要的。

环境管理会计的应用有很多方面，实务界与理论界普遍认为"涉及成本管理、绩效评价、投资决策"这三大方面的会计信息在企业战略管理和环境经营方面非常重要。

5.3　国际环境管理会计应用案例

虽然环境管理会计在理论上已经有了不少成果，但企业在实际应用方面可以有一定的选择性，不同发达程度的国家和地区在应用上也存在差异。目前有超过 35 个国家的企业和政府组织以及国际组织如联合国可持续发展分部（CSD）正在努力促进和实施环境管理会计。越来越多的国家开始研究和实施环境管理会计，如美国、日本、加拿大、澳大利亚、南非、韩国等国家的大量企业，无论规模大小都在致力于实施环境管理会计。欧洲各个国家的政府也十分重视环境管理会计。它们通过提供有关的概览、指南等信息帮助企业实施环境会计、改善环境业绩、遵守环境法规。德国联邦环境部和联邦环境局在 1996 年颁布了一套环境管理会计手册，讨论了环境成本的分配，鼓励企业采用相关会计方法，并取得了一定的成效。本书主要以美国、日本、欧洲为主来介绍环境管理会计的应用状况。

5.3.1　美国

美国在 EMA（环境管理会计）的研究与应用上处于全球领先水平。为执行 1990 年的《污染防止法案》，USEPA 在 1992 年建立了专门的环境会计研究项目。1993 年由美国国家环境保护局（USEPA）、美国商会、企业圆桌会、美国注册会计师协会、管理会计师协会等联合发起了一个"国家工作室"座谈会，公布了《利益相关者行动议程：工作室对环境成本的会计与资本预算的一项报告》，这是环境管理会计较早的重要文献之一。随后 USEPA 又组织并参与了众多与环境管理会计有关的活动，包括理论研究、案例研究以及以实地观察访谈和问卷调查为基础的基准研究，积极地推动环境管理会计与环境成本会计的发展，取得了一些理论研究成果。1995 年 USEPA 发表了题为《作为企业管理工具的环境会计入门：关键概念和术语》的重要报告，2002 年 1 月又发表了一份关于绿色供应链的报告。美国国家环境保护局还建立了环境管理会计研究信息中心（EMARIC）。这些都说明美国在环境管理会计研究方面走在了世界的前列。

美国国家环境保护局曾对汽车制造行业、化工行业、电力行业、石油行业、印刷行业等企业的环境管理会计实施情况进行调查，这些企业包括克莱斯勒汽车公司、杜邦公司、庄臣公司、美国石油公司、瑞士山多士公司等世界知名企业。一项研究提到，美国石油公司约克镇炼油厂发现环境成本占总非原油成本的 22%，杜邦公司确认环境成本占其固定制造成本的 15.3% 和变动成本 的 3.8%。研究发现各个企业实行环境管理会计的动机是极为不同的。虽然环境问题已严重影响了这些行业的经营，但企业仍然大多是为了减少环境成本和获得市场竞争优势才关注环境支出，并未认识到环境管理会计在资源使用、环境保护等方面可能对自身和社会带来的巨大效益，以至于许多与环境相关的项目仅仅是一种短期行为，一旦项目结束，管理会计又会回到原来的样子，很难形成一个固定的环境管理会计系统。环境管理会计在企业的全面实施将是一个漫长的过程。

5.3.1.1 生命周期成本核算个案 —— 施乐有限公司

施乐有限公司（Xerox Limited）是施乐集团（Xerox Corporation）的子公司，该公司在实施环境管理会计的过程中为其物流链引进了生命周期成本核算的概念。施乐有限公司的核心业务是制造复印机然后出租而不是销售。这意味着在租赁期结束后复印机要被归还给施乐有限公司。以前这些复印机的包装各种各样，客户在租赁到这些复印机后，由于种种原因很少能够重新利用原有包装，客户必须对这些包装进行处置比如丢弃。租赁期结束后，客户又必须重新购置新包装以便返还复印机，而这些新的包装施乐有限公司也不能再次用于包装其他机器。这意味着施乐有限公司不仅损失了原来的包装成本，还得承担包装的处置成本，而客户也产生了额外的包装费用和处置成本，对双方来讲都形成了浪费。考虑到生命周期成本核算的原理，施乐有限公司将触角直接伸向了研发阶段，发明了标准包装，应用了适用于所有产品类型的两种包装，这两种包装既可用于新机器的运输也可用于旧机器的回收。对整个物流链的成本分析表明，与先前的系统相比，新的包装大大降低了成本，物流链的效率也得到了提高。新系统在降低成本的同时减少了包装时间，也改善了客户关系。①

5.3.1.2 环境成本的事前规划个案——密尔福得制造公司

密尔福得（Milford）制造公司有一项产品为"安全"牌锁具。该锁具的生产工艺流程如下：首先由工人伐木并打磨，打磨时采用液化石油气系统清理金属废屑和冷却伐木器械。其次将金属薄片附上木具模型，结束后在锁具半成品上留下一定量的油脂残余物，而为了保证锁具成品的坚固性，必须将这些残

---

① 王跃堂，赵子夜．环境成本管理：事前规划法及其对我国的启示 [J]．
会计研究，2002（1）：55．

余物重新脂化并去除。该公司采用一种蒸汽式脂化系统（TCE）作为去除工序。TCE会产生一种被鉴定为有毒的废气。相关法规规定，产生该废气的生产过程要受到严格的管制以达到一定的安全标准。而为达到安全标准，公司发生了一系列环境支出。针对这些支出，管理层对现行的处理方法进行了分析。

整个TCE的购买、清污等年度总费用为115 000美元，其中包括公司为TCE工艺购买的材料支出80 000美元、排污费用22 000美元、培训成本8 000美元以及监督成本5 000美元。而上述支出预期从本年年初开始会由于某些原因而增长。比如TCE产生的废气的致癌性导致排污费用增加，本年排污费会达到28 000美元，在以后各年还会逐渐增长；又如政府针对TCE原料购买的税率上升，使购买成本逐年增加；最后，由于继续使用该工艺流程公司必须每年追加一定的培训支出以便使员工习得正确处理污染物的技术。①

公司管理层对未来5年（包括本年）的现金支出编制了年度预算（表5-1）。

表5-1 TCE系统的年度支出预算　　单位：美元

年度	资本支出	TCE 购买	TCE 排污	培训 成本	监督 成本	总现金 支出	现值
1	10 000	83 000	28 000	8 000	22 000	151 000	151 000
2	5 000	123 000	34 000	10 000	8 000	180 000	156 521
3	35 000	170 000	40 000	12 000	10 000	267 000	201 890
4	50 000	270 000	65 000	20 000	15 000	420 000	276 156
5	50 000	270 000	65 000	20 000	15 000	420 000	240 136

如果以15%作为年贴现率对事后处理法的税前成本进行贴

---

① 资料引自：陈金辉. 试析环境管理会计［J］. 审计与理财，2004（6）：36. 有改动。

现，则现值为 1 025 703 美元（现值计算过程略）。针对事后处理法的支出，公司认为可以实施事前规划以减少环境成本，于是公司成立了一个独立的环境成本管理部门。该部门负责收集其他部门的生产信息并提出可能的管理方案，然后该部门的管理层对各方案的结果进行测算以选择最优的方案。鉴于 TCE 系统的排污支出较大，公司考虑采用一种类似 TCE 工艺流程的碱式工艺流程。碱式工艺流程的特点是仅产生含碱废料而不释放任何废气，替换工艺要求公司每年追加 185 000 美元的设备投资，五年共支出 925 000 美元。改换工艺后的流程会产生含碱的残余物，但是该残余物可以被回收系统转化成肥料和制皂用碱。该回收系统的投资已经包含在上述的 925 000 美元中，回收碱辅料则可给企业带来一些现金流入。不仅如此，公司还免去了原有的培训和监管费用，更由于改换工艺而提高了生产安全性，使公司的直接人工费每年减少 50 000 美元。该规划的未来 5 年支出预算见表 5-2。

表 5-2　碱式生产方案支出预算　　单位：美元

年数	追加投资新原料	购买	回收碱	辅料收入	直接人工	减少总支出现值
1	185 000	60 000	−3 000	−50 000	192 000	192 000
2	185 000	63 000	−3 000	−50 000	195 000	169 565
3	185 000	65 000	−4 000	−50 000	196 000	148 204
4	185 000	65 000	−4 000	−50 000	196 000	128 873
5	185 000	65 000	−5 000	−50 000	195 000	111 491

按 15%的年贴现率计算得出该规划的综合税前成本的现值为 750 133 美元。

最后该公司出于对绿色生产方案的考虑，进行了相应的无污染规划。无污染的生产过程引起了美国环境保护署的关注也得到了绿色主义者的支持。为了达到生产过程无污染，公司必须采用非 TCE 原料，当然也就意味着产品的重新设计，重新设计产品的预计投资为 15 亿美元。此前该产品已在市场流通了 50 年。然而有关新产品的研制、检测与市场投放必须在几年以内完成。更重要的是，新产品进入市场要花费相当可观的市场支出，未来的收益对公司来说又是那么的不确定。在没有技术性支持的情况下，公司毅然将绿色生产方案摆在了公司的长期经营战略上，一旦有了确信程度较高的详细规划，该方案就将被执行。公司规划的结果是选择碱式流程，在五年中较之事后处理法所节约支出的现值总额为 275 570 美元，节约比例高达 26.86%。

5.3.2 日本

依据多年的企业实践与理论研究，日本产业技术环境局、环境政策课和环境协调产业推进室在 2007 年共同发布了全球第一份物质流成本会计指南。指南为各国发展循环经济和低碳经济提供了非常重要的环境管理会计技术。物料（质）流成本会计（Material Flow Cost Accounting, MFCA）作为一项新的环境管理会计技术，最初由德国环境与管理协会开发，随后联合国《环境管理会计业务手册》（2001）、日本《环境管理会计技术工作手册》（2002）、德国《企业环境成本管理指南》（2003）和国际会计师联合会《环境管理会计国际指南》（2005）相继引入物质流成本会计技术。1999 年，日本产业环境管理协会受经济产业省的委托，开始了物料（质）流成本会计方面的研究。随后日本电工（ Nitto Denko）、田边制药（Tanabe Seiyaku）、他喜龙（Takiron）、佳能（Canon）4 家企业开始实验性地引入物料（质）流成本会计项目。目前，日本已有 60 多家企业成功导入物料（质）流成本会计。依据多年的实践经验，日本产业技术环境局、环境政策课和环境协调产业推进室在 2007 年共同发布了全球第一份物料（质）流成本会计指南 *Guide for Material*

Flow Cost Accounting（*ver.* 1），并在 2008 年和 2009 年分别发布了其修订版。

日本是环境管理会计案例研究实施较多和较成功的国家之一。1999—2004 年，日本颁布了一系列环境管理会计标准和指南，并引入了环境报告，其中就要求计算和报告生态经济效率。以下是包含生态经济效率的日本企业环境管理会计的案例。其内容主要涉及成本分析；物料流量成本会计（田边制药株式会社）；企业环境业绩指标（新日本石油、理光日立）；产品环境业绩（日立、富士通）。

5.3.2.1 物料流量成本会计——田边制药株式会社

2001 年，作为环境管理会计项目实验企业之一的田边制药株式会社，在小野田厂将物料流量成本会计引入制药过程。该方法反映物料（能源）流在企业内部生产经营过程中的流动、盘存、转换、损失等情况，使管理者能够更精确地掌握物料与能源的损失或浪费，并针对其产生的原因设计与实施相应的改正措施。通过使用物料流量成本会计，实验企业可以鉴别出浪费的加工成本和加工过程中的大量原料损失。2002 年，田边制药进行了一系列改进如安装加氯消毒溶解吸收和聚集设备、改为现场焚化废液等。由于引入了物料流量成本会计，田边制药因环境保护节约的成本每年就达到了 6 000 万日元，三氯甲烷排放量也大大降低了。作为一个有效工具，田边制药使用这一方法来帮助决策，提高了公司的收益，减少了企业的环境负担。2003 年，田边制药将物料流量成本会计融入 SAP/R3 系统（企业资源规划软件），将物料流量成本会计拓展到公司的各个工厂。这种一体化提高了数据的完整性和准确性，优化了企业内部资源的分配并改进了企业的环境保护行为。环境管理会计在田边制药株式会社的发展为现场管理提供了一种典型的双赢状况。其关注的焦点是环境管理会计数据系统的事后开发，这将提供相关的货币性和实物性生态经济效率信息，而不是采用常规目标或未来导向的信息。物料流量成本数据与其他数据相统一的重要性在这里得到了强调，而且投资加氯消毒溶解吸收设备的经济优势也显现出来了。

5.3.2.2 价值链环境管理会计——新日本石油集团

新日本石油集团将环境管理会计作为信息披露和企业管理的一个通用工具来确保环境管理的效率和有效性。2002 年，集团将环境管理会计的范围拓展到 16 个子公司。为了与这项举措保持一致，集团开始使用价值链环境管理会计来反映企业行为及其对环境的影响。新日本石油已构建了一个完整的环境影响评价体系来全面评价企业多方面的环境行为，并使用一个一体化的环境影响方法——生命周期影响评价法来评价。石油产品生命周期的主要过程指从勘探和开发到提炼、运输、消费的整个过程。该方法是由生命周期评价研究中心联合日本产业技术综合研究所的生命周期评价项目（日本经济产业省）、新能源和产业技术开发机构、日本工业环境管理协会共同开发的。研究表明，该石油企业的环境影响逐年降低，最大的环境影响来自产品消费阶段。为了减少这一影响，企业需要在提炼阶段花费更多的力量。新日本石油正在努力提高产品质量并努力抑制提炼阶段对环境影响的增长。新日本石油分析了环境影响因素的总额与产量之间的关系并评价了石油经营的综合环境效率：环境效率＝产量/环境影响因素的总和。

5.3.2.3 环境绩效评价指标案例——理光、日立、富士通

1. 理光

理光开发了实物性环境管理会计指标来评价可持续管理的水平。其指标是建立在以下两个系数基础上的：

环境保护行为的经济效益＝经济效益/环境保护成本

（或者）＝（经济效益＋节约的社会成本）/环境保护成本

这个系数可以显示出企业的环境保护行为是否经济合理（即是否可以带来净的货币回报）。

企业行为的环境效益 = 企业行为增加价值／总的环境影响（实物或货币额）

该系数可以显示出当企业实施一项行为时（产生环境影响或社会成本）是否取得了收益。

在这两个系数的基础上，理光计算如下四个指标：

生态效益比率=经济效益总额／环境保护成本总额

生态效应比率=环境效应／环境保护成本总额

其中，环境效应即经济效益总额+社会成本减少总额。

生态指数=毛利（千日元）／环境影响总额

利润社会成本比 = 毛利／社会总成本

2. 日立

日立引入环境效率和系数指标来提高产品功能形成过程中所消耗的能源和资源的使用效率。

环境效率表示通过减少对环境的影响和资源的使用所取得的产品价值，可以通过检验产品功能和产品的寿命周期予以评价。为了评价产品价值，日立已经开发出两个效率指标：预防全球变暖效率指标和资源效率指标。预防全球变暖效率指标用于计量一件产品在整个寿命周期内的温室气体排放量，以及由此引起的环境影响；资源效率指标用于计量制造一件产品所消耗的新资源中作为废物被废弃的资源量的比率。系数指标用于计量一件产品的环境效率改进程度，其建立在该企业 1990 年的一系列主要产品环境影响的基础上，并提供对产品预防全球变暖和资源因素的评价。

3. 富士通

富士通引入了生态经济效率系数来评价环境负担和服务性能的变化。服务价值作为分子，环境负担作为分母。富士通计量新产品相对于旧产品的改进如下：

$$生态经济效率系数 = \frac{服务（新产品／旧产品）}{环境负担（新产品／旧产品）}$$

2002 年，富士通将生态经济效率系数扩展应用到移动电话和扫描仪上。

2001 年，富士通也计算了便携式电脑的生态经济系数。比较 1998 年与 2001 年生产的便携式电脑，可以发现生态经济系数为 7.8，表明在过去的 3 年中，生态经济效率提高了 7.8 倍。从上述分析可知，富士通在常规和专门的方法中使用生态经济效率事后评价法来评价短期的经济和环境影响。

环境管理会计是企业管理研究的一个新兴领域。生态经济效率用来计量企业环境业绩的货币性和实物性信息及其变化过程。日本在一个非正式标准和指南中指出，生态经济效率是一个基本的指标，应该由环境管理会计开发，并在企业环境报告中使用。由于没有一个公认的公式可以用于分析和比较企业或产品的生态经济效率，日本很多企业开发了自己的生态效率指标。生态经济效率指标用于评价其分部、子公司、生产过程和产品。日本经济产业省已提出了一些倡议来发展环境管理会计，而且提供了可免费使用的环境管理会计工具软件。田边制药株式会社、理光公司和佳能公司都是日本经济产业省项目的成员，这些企业的环境报告为环境管理会计在日本企业的实施提供了参考。

从对日本环境管理会计案例的分析中可以看出，实务中生态经济效率计量和环境管理会计信息的联系还不完整，也未充分利用生态经济效率信息。只要想帮助企业改进生产过程，并使产品消费向可持续方向发展，我们就有必要进一步研究环境管理会计和生态经济效率。因此，上述对日本企业案例的研究可对我国企业实施环境管理会计提供一些借鉴和参考。

5.3.3　荷兰—英国处理壳牌钻井平台案例

荷兰—英国合资的壳牌（Shell）石油公司在 20 世纪 90 年代中期面临的一个问题是如何处置 20 年前弃用的巨大的用于开采石油的海上钻井平台。有两个备选方案：一是将平台深埋在海底，二是在近海岸将其解体后处置（生态处置）。经过决策程序，该企业得出的结论认为，前一方案成本小，而后者涉及较大的环境风险且成本高。不过，有科学家警告说，采用前一方案，平台将慢慢分解，有毒的残余物质将渗透到海底。1995 年夏天，Shell 召开了一个低调的新闻发布会，宣布将把平台拖往北海炸毁并沉入海底。可是当 6 月份 Shell 开始用拖轮拖拽平台时，却遇到了绿色和平组织的阻拦，4 名志愿人员被放到平台上，进行抗议。英国政府派小型武装赶到，试图驱散绿色和平组织人员。因为 Shell 的此项决策并未违法，政府要保护企业在法律范围内实现其目的。但是此时，绿色和平组织已通过网络系统和高技术的卫星通信系统将消息发布到了全世界，几小时内这次事件就成了世界主流媒体的头条新闻。消息传开后，消费者开始抵制 Shell 的以汽油为主的零售产品。德国消费者转而购买其他品牌的汽油以示对 Shell 的平台决策的不满。一周之内，Shell 在德国和欧洲大陆其他国家的零售额就下降了 30%，相当于数千万美元，远远超过了较为昂贵的生态处置方案的成本。平台事件的典型意义在于，在北海中，还有 100 多个钻井平台最终都将被处置，其决策结果将成为其他平台处置方案的参考。该决策本是企业自身的行为，并且也符合政府的法律规定，决策中已经考虑了经济和环境方面的影响，只是未能选择环保组织推荐的生态方案，而是选择了成本较低的方案，不料引起了社会公众的强烈反对和抵制，造成了企业巨大的经济损失。该事件表明，在当今传媒发达、公众环境意识强的情况下，企业特别是跨国公司的行为实际上是在公众的监督之下的。如果只考虑决策对公司成本最优，而不考虑对环境影响的最优，最终将导致公司经济利益的丧失，从而也无法实现经济上的最优。这一案例同时也表明，在当前的环保形势下，企业仅仅考虑符合环境法律法规的要求仍是不够的，只有主动采取对环境有利的决策，将减少环境影响作为自身责任之一，才可能实现企业的可持续发展。

5.4　国外环境管理会计应用的启示

环境管理会计的应用单靠企业自身的环境管理需要或者减少环境成本等是不现实的。企业不仅需要外部的环境报告的压力，也需要研究院所在环境管理会计方面的理论研究支撑，更需要相关法律、制度完善和配套。从美国、日本等国的发展经验来看，政府在此过程中起着重要的作用。只有政府积极运用管理地位和权力制定相关的政策法规来约束、激励企事业单位实施环境管理会计，才能使环境管理会计在提高企业经营效益和改善生态环境方面真正发挥作用，也能引导各学术机构、会计职业团体、企事业单位等组织为环境管理会计的应用与发展做出各自的贡献。

6 环境绩效评价与审计

绩效评价是企业管理中永远的重点，本项目主要从经营成果、生产运作、学习成长相关者的利益方面提出了环境绩效的评价方法——平衡记分卡。

6.1 环境绩效评价方法——平衡计分卡

平衡计分卡（Balanced Score Card，BSC）是美国学者卡普兰（Robert S. K.）和诺顿（David P. N.）在 1992 年提出的一种评价企业综合绩效的方法。它从企业战略角度出发，将企业经营目标和任务相结合并转化为在各部门具体执行工作时关注的重点，然后再将各目标分解成多层次且可测量的货币性指标和非货币性指标。这对全面考核企业环境绩效具有重要作用。

在企业环境绩效评价中引入平衡计分卡，为从整体战略角度把环境因素融入不同层次的经营决策中提供了一个新颖、全面、动态、持续的绩效评价工具。这些指标之间互相协调，将企业在经营成果、生产运作、学习成长相关者的利益等关键领域的改善联系起来，考查企业整体业绩，有利于企业长期和短期的管理控制，对形成和提高企业的绿色竞争力有十分重要的现实意义。

6.1.1 理论思路

企业进行环境经营要从两方面考虑：一是企业自身需要权衡成本费用和取得的效益，从长远发展和价值创造能力出发采取最有效的环境经营方式；二是企业要考虑到利益相关者的利益关注以及员工、居民的呼吁和要求，平衡各方利益，增加环境支出，降低对环境的不良影响。

本书基于组织能力原理、产品生命周期原理、利益相关者原理引入环境绩效平衡计分卡来反映企业环境经营各环节的管理控制和取得的业绩，同时考虑环境改善与企业经济效益、社会效益之间的互动关系（图6-1）。

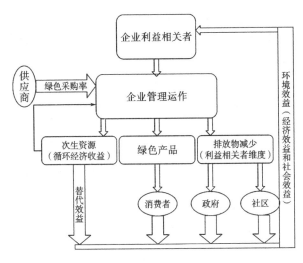

图6-1　企业环境经营管理的动态图

图6-1中动态地显示了企业环境经营管理关系。椭圆形框内为企业的利益相关者，长方形框内为企业的管理运作环节。一方面，企业通过绿色采购在得到低碳环保原材料的同时促使供应商关注环境，通过科研和教育培训促进环保技术创新和工艺改进实现清洁生

产。达到环保标准的绿色产品更能满足国内外消费者的环保偏好，企业也能获得更多经济利益。另一方面，对次生资源循环再利用可以实现节能节材效益或开发出新的利润增长点。实行清洁生产，可以减少生产经营中的排放物，减少排污费用，同时减少了对周围社区的环境污染，也可以获得国家节能减排的政策支持和当地民众的支持，增加社会收益。通过上述努力获得的经济利益和社会收益又可以反过来激励企业树立环境经营理念，加大对环境管理的投入，实现良性循环互动。

6.1.2 指标体系设计

本书从环境财务、内部流程、学习成长、利益相关者四个维度设计了企业环境绩效平衡计分卡（表6-1）。具体来讲：

（1）财务维度。它强调从财务角度来看环境管理措施对企业经济效益的影响，其中环境费用包括排污费，是企业承担环境污染负外部性成本的体现；环境效益包括生产中次生资源的循环再利用所产生的收益，体现了环境资源价值论。

（2）内部流程维度。它主要反映企业在清洁生产节能减排环节所做出的努力。指标的选择主要依据生命周期理论，物质流分析对环境绩效的评估范围由产品原材料采购和产品生产环节扩展至废弃、回收阶段。

（3）学习成长维度。它从企业的可持续发展能力和价值创造能力出发，通过加大对环保科研和环保教育的投入力度，鼓励环保技术创新和应用。这不仅有利于当下的环境污染控制，更有利于从源头上防范环境问题的产生，实现企业利益和社会利益的协调可持续发展。

（4）利益相关者维度。它反映企业执行环境法规、改善周围环境状况、承担社会责任的努力，是社会效益方面的体现。这里的利益相关者，主要指政府和周围社区。消费者的绿色偏好已在环保新产品比例中有所体现，对供应商的产品环保要求已在绿色采购比例中有所体现。

表 6-1　环境绩效平衡计分卡指标体系

维度	指标	解释
环境财务维度	环境资本	环境资本化包括环保技改投入和"环保三同时"项目投入
	环境费用	环境费用包括环境监测费、排污费、污染物处置费、环保人工费、环保设施折旧费等
	环境经济收益	环境经济收益指通过创造环保产品新增价值点、节材、节能、优化工艺、减少排放等方面取得的收益
	环保节能项目税收优惠	节能环保项目享受优惠政策减免的所得税
	环保奖励（罚款为负数）	因环保活动得到的奖励（污染超标缴纳的罚款）
内部流程维度	绿色采购比例	环保认证的材料采购额/所有材料采购额
	单位能耗量的产量	产品产量/能源消耗量
	单位耗水量的产量	产品产量/水消耗量
	余能回收年增量	同比上年利用余能、余热总量的增加量
	次生资源综合利用率	回收利用的废弃物量/废弃物总量
学习成长维度	环保科研投入比例	环保科研投入金额/总投资额
	环保教育培训比例	环保教育培训人次/教育培训总人次
	环保新产品比例	新增环保产品销售额/新增产品总销售额
	生产通过 ISO14001 认证比例	通过 ISO14001 的生产单元/全部生产单元
	环保技改项目比例	环保技改项目投资/技改项目总投资

表6-1(续)

维度	指标	解释
利益相关者维度	单位主要污染气体排放量的产量	主要污染气体排放量/产品增加值
	单位废水排放量的产量	废水排放量/产品增加值
	危险废物安全处置率	妥善处理的危险废物量/危险废物总量
	新增绿化改造面积	在企业内或周围为改善环境新增的绿化面积
	环保社会捐款	为社会环保活动付出的捐款

6.2　环境绩效平衡计分卡应用研究

本书采用层次分析法 AHP 确定环境绩效评价指标的权重并计算出环境绩效综合分数。层次分析法是美国运筹学家、匹茨堡大学教授 T. L. Saaty 于 20 世纪 70 年代初期提出的，该分析方法适用于多目标、多准则或无结构特性的复杂决策问题。

6.2.1　数据收集及整理

本书收集整理了上市公司宝山钢铁股份有限公司连续三年对外披露的《可持续发展报告》和《社会责任报告》中的数据。由于现阶段环境会计制度并不完善，个别数据需要通过推算得来，例如环境收益，这里主要用次生资源的节能收益替代。按照上述环境绩效指标体系框架内各指标的含义分析计算得到该钢铁企业环境绩效评价指标体系的数据见表 6-2。

表6-2 宝钢股份环境绩效平衡计分卡

维度	第一层权重	指标	第二层权重	单位	宝钢股份环境绩效数据和得分					
					第1年		第2年		第3年	
					数据	得分	数据	得分	数据	得分
环境财务维度 A	0.484 5	环境资本 A1	0.028 2	亿元	9.75	2.53	7.23	1.88	17.64	4.59
		环境费用 A2	0.121 0	亿元	30.72	2.71	29.68	2.62	41.74	3.68
		环境经济收益 A3	0.196 3	亿元	12.39	2.33	13.85	3.17	15.45	3.49
		环保节能项目税收优惠 A4	0.069 5	千万元	1.5	2.37	2	3.16	2.2	3.47
		环保罚款 A5	0.069 5	万元	0	5	-6	1.5	0	1.5
内部流程维度 B	0.109 4	绿色采购比率 B1	0.004 3	%	2.4	2.81	2.3	2.94	2.6	3.24
		单位能耗量的产量 B2	0.046 2	t-s/t	15.5	2.92	15.9	3.00	16.37	3.08
		单位耗水量的产量 B3	0.029 6	t-s/t	0.23	3.00	0.24	3.04	0.23	2.97
		余能回收年增量 B4	0.013 3	%	71	2.09	89	2.62	146	4.30
		次生资源综合利用率 B5	0.016 0	%	98.26	2.99	98.58	3.00	98.81	3.01

表6-2（续）宝钢股份环境绩效数据和得分

维度	第一层权重	指标	第二层权重	单位	第1年 数据	第1年 得分	第2年 数据	第2年 得分	第3年 数据	第3年 得分
学习成长维度 C	0.109 4	R&D 投入率 C1	0.005 8	%	1.75	2.55	2.08	3.03	2.34	3.41
		员工环保培训率 C2	0.005 8	%	0.71	3.09	0.64	2.78	0.72	3.13
		环保新产品比例 C3	0.058 7	%	71.5	2.60	87.9	3.20	88.09	3.21
		ISO14001 环境管理体系认证 C4	0.014 5	%	100	5	100	5	100	5
		环保技改项目比例 C5	0.024 5	%	8.7	1.97	11	4.32	12	2.71
利益相关者维度 D	0.296 7	单位 SO₂ 排放量的产量	0.051 0	t-s/kg	0.9	2.19	1.33	3.24	1.75	4.26
		单位废水排放量的产量	0.051 0	t-s/t	1.04	2.88	1.08	3.00	1.14	3.14
		危险废物安全处置率 D3	0.051 0	%	100	3.10	100	2.92	100	3.00
		新增绿化改造面积 D4	0.128 4	万 m³	5.6	5	9.3	5	11.13	5
		环保社会捐款 D5	0.015 2	万元	2 837.9	5	36.3	0.11	100	0.30

由于环境绩效评价方法在我国企业中还未普及，同行业企业业的相关数据很难收集，不便比较，因此选择该企业各年数据的平均值为打分标准。首先将该企业同一指标的各年数据相加算出平均值（分值设定为 3），然后将各年指标的原数据与该平均值相除，再乘以 3，算出该年该指标的分值。如三年环境资本的平均值为 11.54，则第 1 年环境资本分值为 9.75/11.54×3 = 2.53（其他指标得分见表 6-3）。

6.2.2 指标权重确定

本书采用 YAAHP0.53 软件运算得出各阶层指标权重。YAAHP（Yet Another AHP）是一个层次分析法软件，提供方便的层次模型构建、判断矩阵数据录入、排序权重计算以及计算数据导出等功能。指标权重确定的步骤如下：

第一，建立递阶层次结构。目标层：企业环境绩效评价；中间要素：环境财务维度、内部流程维度、学习成长维度、利益相关者维度；方案层：（A1、A2、A3、A4、A5）（B1、B2、B3、B4、B5）（C1、C2、C3、C4、C5）（D1、D2、D3、D4、D5）。各代码代表的具体指标见表 6-3。

第二，构造判断矩阵。判断矩阵应当依赖不同企业的具体情况给出。在这里，本书认为财务维度最重要，赋值 4 分；利益相关者维度次之，赋值 2 分；内部维度和学习成长维度再次之，赋值 1 分。输入根据各层次指标的相对重要性构造的判断矩阵，得到结果见表 6-4～表 6-7。

表6-3　环境绩效评价判断矩阵及结果

指标	A	B	C	D	wi
A	1	4	4	2	0.484 5
B	1/4	1	1	1/3	0.109 4

表6-3(续)

指标	A	B	C	D	wi
C	1/4	1	1	1/3	0. 109 4
D	1/2	3	3	1	0. 296 7

判断矩阵一致性比例：0. 007 7；对总目标的权重：1. 000 0；\
λmax：4. 020 6。

表 6-4　环境财务维度判断矩阵及结果

指标	A1	A2	A3	A4	A5	wi
A1	1	1/4	1/5	1/3	1/3	0. 058 3
A2	4	1	1/2	2	2	0. 249 7
A3	5	2	1	3	3	0. 405 2
A4	3	1/2	1/3	1	1	0. 143 4
A5	3	1/2	1/3	1	1	0. 143 4

判断矩阵一致性比例：0. 012 6；对总目标的权重：0. 484 5；\
λmax：5. 056 5。

表6-5　内部流程维度判断矩阵及结果

指标	B1	B2	B3	B4	B5	wi
B1	1	1/7	1/6	1/4	1/5	0. 039 4
B2	7	1	2	4	3	0. 422 4
B3	6	1/2	1	3	2	0. 270 2
B4	4	1/4	1/3	1	1/2	0. 121 7
B5	5	1/3	1/2	2	1	0. 146 2

判断矩阵一致性比例：0. 025 6；对总目标的权重：0. 109 4；

\ λmax：5. 114 6。

表6-6　学习成长维度判断矩阵及结果

指标	C1	C2	C3	C4	C5	wi
C1	1	1	1/7	1/3	1/5	0. 053 3
C2	1	1	1/7	1/3	1/5	0. 053 3
C3	7	7	1	5	4	0. 536 5
C4	3	3	1/5	1	1/2	0. 132 5
C5	5	5	1/4	2	1	0. 224 3

判断矩阵一致性比例：0. 033 0；对总目标的权重：0. 109 4；
\ λmax：5. 148 0。

表6-7　利益相关者维度判断矩阵及结果

指标	D1	D2	D3	D4	D5	wi
D1	1	1	1	1/3	4	0. 171 9
D2	1	1	1	1/3	4	0. 171 9
D3	1	1	1	1/3	4	0. 171 9
D4	3	3	3	1	5	0. 433 0
D5	1/4	1/4	1/4	1/5	1	0. 051 2

判断矩阵一致性比例：0. 020 8；对总目标的权重：0. 296 7；
\ λmax：5. 093 3。

第三，进行层次单排序。先解出某一判断矩阵的最大特征值 λmax，再利用公式 AW = λmaxW 解出 λmax 所对应的特征向量 W，经过标准化后即为该层次中相应元素对于上一层次所属因素的相对重要性的权数值 wi。

第四，完成一致性检验。一致性指标 CI =（λmax-n）(n-1)，其中 n 为判断矩阵的阶数。λmax-n 愈大，矩阵的一致性愈差。RI 为平均随机一致性指数，将其与 CI 进行比较。当 CI/RI<0.1 时就可认为判断矩阵具有令人满意的一致性。以上矩阵计算结果 CR 皆小于 0.1，所有判断矩阵均通过了一致性检验。

6.2.3 研究结果及分析

判断矩阵的评分主要从管理者和政府角度考虑，更关注财务指标和利益相关者指标，得到环境财务维度的权重为 0.484 5、利益相关者维度的权重为 0.296 7、内部流程和学习成长维度的权重之和为 0.218 8。将无量纲的分数乘以相应权重得到 2009—2011 年各维度的分数和综合分数见表 6-8，分值范围为 0~5。

表 6-8　宝钢环境绩效得分情况

年份	环境财务维度	内部流程维度	学习成长维度	利益相关者维度	综合评价分数
1	1.436 1	0.312 1	0.306 1	0.838 7	2.893 0
2	1.283 2	0.323 6	0.359 9	0.988 4	2.955 1
3	1.576 7	0.349 3	0.365 3	1.131 3	3.422 6

从整体上看，宝钢股份的环境绩效呈逐年上升趋势。第 1 年环境绩效得分为 2.89，第 2 年较第 1 年有所提高，第 3 年环境绩效较前两年有了较大幅度的提高，这与该钢铁集团领导贯彻"环境经营"新理念，坚持不减弱节能减排、环境保护工作的推进力度有关。结合表 6-1 和表 6-8 具体分析，我们可以看出，由于环境资本和环境费用投入有所减少，产生了环保罚款，第 2 年环境财务维度得分较第 1 年低，但是内部流程和学习成长维度得分较第 1 年有所提高，并且由于这些方面的提高，节能收益所代表的环境经济收益也得到了提高，同时利益相关者

维度所关心的环境质量有所改善，社会效益得到提升。第3年内部流程维度、学习成长维度进一步得到改善，所产生的环境经济收益和社会效益进一步增长，使得环境财务维度、利益相关者维度分数也明显上升，因而企业综合评价分数大幅度提高。

平衡计分卡为企业内部环境管理提供了一个较为适用的评价方法。笔者在引入平衡计分卡评价环境绩效时，分析了环境改善与企业经济效益、社会效益之间的良性互动关系，将代表经济利益的环境财务指标、代表社会利益的利益相关者指标和与它们有因果作用的内部流程指标、学习成长指标结合起来，评价企业环境所取得的业绩。该评价方法可以促使企业树立环境经营理念，提高环境管理的积极性。企业环境绩效平衡计分卡的指标选择是个复杂的问题，由于对各行业的生产经营特点和环境技术条件的掌握有限，笔者在对环境战略的理解和研究的深度方面仍有不足，如何更好地完善指标体系，有待做进一步研究。

7 环保性投资决策方法与效率
研究

管理会计学中的决策涉及长期决策和短期决策。长期决策方法在 20 世纪得到了不断发展，从传统的非贴现方法逐步演变为考虑时间价值的贴现方法、考虑不确定性的方法等。本章主要从长期投资决策方法的角度进行研究。

7.1 投资决策方法总体发展演变状况

总体来说，项目投资的财务决策方法的发展经历了五个阶段，即传统的静态评价方法阶段、传统的动态指标阶段、初步考虑风险计量方法阶段、实物期权方法阶段、博弈期权方法阶段（见表 7-1）。无论哪种方法，其共同之处在于评价和决策均以现金流量（Cash Flow，CF）的测（估）算为基础。因为现金流量能充分体现投资项目收付实现制的基础，但又不是现实发生的现金流，因而给企业投资带来了不确定性。

7.1.1 传统的静态评价方法阶段：不考虑时间价值

19 世纪末至 20 世纪 50 年代，决策评价主要采用非折现的决策方法，以投资回收期（Payback Period Method，PP）和会计收益率（The Accounting Rate of Return，ARR）为主要指标。该阶段的突出特点为进行投资决策和评价时不考虑资本的时间价值，计算时不需要贴现技术，好理解，容易接受。

7.1.2　传统的动态评价方法阶段：考虑时间价值

20世纪50年代以后，决策评价考虑时间价值因素，使用贴现决策方法的企业不断增多。这些方法主要有净现值法（Net Present Value，NPV）、现值指数法（Present Value Index Method，PVI）、内涵报酬率法（Internal Rate of Return，IRR）、等年值法（Annual Worth Method，AWM）、现值回收期法（Present Value of the Payback Period Method，PVPP）。到了20世纪70年代，在发达国家，贴现分析法占据主导地位，并形成了以贴现的现金流量指标为主、以投资回收期为辅的多种指标并存的指标体系。贴现现金流量分析法把不同时点的现金流入和流出按统一的折现率折算到同一时点，使不同时期的现金具有可比性，有利于做出正确的投资决策。

7.1.3　初步考虑风险计量方法

动态的评价方法虽然考虑了时间价值因素，但对于项目较长期间里的风险因素却没有估计。理财中的基本观念还应包括风险价值。对风险或不确定性的考虑是建立在"风险厌恶""夜长梦多"（随时间推移风险加大）和"风险可以测定"的假设基础上的。一般有两种思路来考虑风险：一是调整现金流；二是调整贴现率。Hertz和Magee等决策分析家主张用决策树与Monte Cazlo模拟方法来捕捉未来经营柔性（Operating Flexibility）的价值。

7.1.4 实物期权方法——兼顾时间价值、风险价值、柔性 决策

期权定价理论最早可以追溯到1900年法国数学家路易斯·巴舍利耶提出的巴舍利耶模型，而伊藤清发展了巴氏理论，其后就是卡索夫模型。期权理论的重大发展始于20世纪60年代斯普林科的买方期权价格模型、博内斯的最终期权定价模型、萨缪尔森的欧式买方期权定价模型，而1973年Black和Scholes的经典论文的发表标志了期权定价理论的最终形成。而Merton、Cox、Ross以及Rubinstein等专家的研究进一步发展和完善了期权定价理论。实物期权概念最早由麦尔斯（Myers）教授在20世纪70年代提出，并且他最先把期权定价理论引入项目投资领域。他将投资机会视为"增长期权"（Growth Option），并认为战略决策的柔性和金融期权具有一些相同的特点。其主要思想就是将现实价值分配在不同投资阶段。项目投资的实物期权评估方法即把投资项目视作一个期权，然后运用期权定价理论对投资项目进行估价。由于该期权的标的资产为实物资产，人们习惯上称它为实物期权，以区别于金融期权。

7.1.5 博弈期权投资评价方法

斯麦茨（Smets）最早将博弈论引入实物期权分析框架，研究了相互竞争的企业在不确定条件下的外国直接投资问题。迪克希特（Dixit）、平迪克（Pindyk）以及惠斯曼（Huisman）对斯麦茨的模型进行了扩展。葛瑞纳迪尔（Grenadier）和薇兹（Weeds）分别用连续时间的期权博弈模型分析了房地产开发和企业R&D竞争。而斯密特（Smit）、安卡姆（Ankum）以及特里乔治斯（Trigeogis）运用离散的二项式期权博弈模型研究了相互竞争的企业在不确定条件下的策略性投资问题。见表7-1。

表 7-1　工程项目投资决策方法发展阶段

发展阶段	时间	代表性指标	理论基础	代表人物
传统静态方法	19 世纪 90 年代—20 世纪 50 年代	回收期法 PP；会计收益率法 ARR	新古典投资理论	
传统动态方法	20 世纪 50 年代—20 世纪 60 年代	净现值法 NPV；现值指数法 PVI；内涵报酬率法 IRR；等年值法 AWM；现值回收期法 PVPP	资本使用成本理论托宾 Q 理论	迪安（Joel Dean）；托宾（Tobin）
初步考虑风险计量方法	20 世纪 60 年代—20 世纪 70 年代	决策树法 NPV；肯定当量法NPV；调整贴现率 NPV	不确定性与风险厌恶论	Hertz 和 Magee
实物期权方法	20 世纪 80 年代—20 世纪 90 年代	考虑多个变量的战略投资价值（SIV）	金融期权理论	麦尔斯（Myers）迪克希特（Dixit）平迪克（Pindyk）
博弈期权法	20 世纪 90 年代至今	考虑竞争对手的策略优势价值	博弈论金融期权理论	斯麦茨（Smets）

7.2 投资决策方法的具体比较

7.2.1 传统的静态指标

传统的静态指标通常以回收期（Payback Period，PP）和平均报酬率（Average Rate of Return，ARR）为代表，决策时现金流量不进行贴现，普遍应用于20世纪50年代以前。回收期的计算因每年的营业净现金流量是否相等而不同。

如果每年的营业净现金流量（Net Cash Flow，NCF）相等，则

$$投资回收期 = \frac{原始投资额}{年净现金流量}$$

如果每年净现金流量不相等，那么计算回收期则要根据每年年末尚未回收的投资额加以确定。此时，

投资回收期＝累积 NCF 首次超过投资额年份－1＋

$$\frac{该年尚未回收的投资额}{该年营业净现金流量}$$

回收期法有着显而易见的缺陷，例如表7-2中的A、B方案回收期均为2年，B却明显优于A。这就是因为该方法没有考虑回收期满后的现金流量状况。它只能反映投资的回收速度，并且没有考虑货币的时间价值，因而夸大了投资的回收速度的作用。在运用投资回收期法评价时，方案取舍的依据是以经验或主观判断为基础来确立的，标准回收期也缺乏客观依据。平均报酬率法虽然考虑了全部现金流量，但依然没有考虑货币的时间价值，夸大了项目的盈利水平。

$$平均报酬率 = \frac{年净现金流量}{原始投资额}$$

表 7-2　A、B 方案回收期计算资料　单位：万元

项目	第 0 年	第 1 年	第 2 年	第 3 年	第 4 年	PP	ARR
A 工程 CF	-10 000	4 000	6 000	4 000	4 000	2 年	45%
B 工程 CF	-10 000	4 000	6 000	6 000	6 000	2 年	55%

传统静态指标把不同时点上的现金收支当成毫无差别的资金进行直接比较，忽略了货币的时间价值和风险价值因素，难以体现"现金流距离零点越近，其现值越高"的客观规律，缺乏科学性。在此阶段，人们对于时间价值的认识不够深刻，因而对其的运用并不广泛。但随着客观环境比如经济危机、战争等因素的影响，加上经济学家们的研究成果逐步被接纳，静态指标逐步成为过去时，取而代之的是动态贴现的指标。因为对寿命不同、资金投入时间不同和提供收益时间不同的投资方案来讲，静态指标缺乏鉴别能力。而贴现分析法可以通过贴现计算、年均化分析等对此做出正确的评价。

7.2.2　传统的动态指标

动态指标有净现值（NPV）、现值指数（PVI）、内涵报酬率（IRR）、等年值（AWM）等。前三个指标最为常用，其计算公式如下：

$$NPV = \sum_{t=1}^{n} \frac{NCF_t}{(1+k)^t} - \sum_{j=0}^{f} \frac{C_j}{(1+k)^j}$$

$$NPI = \frac{\sum_{t=1}^{n} \dfrac{NCF_t}{(1+k)^t}}{\sum_{j=0}^{f} \dfrac{C_j}{(1+k)^j}}$$

$$\sum_{t=1}^{n} \frac{NCF_t}{(1+k)^t} = \sum_{j=0}^{f} \frac{C_j}{(1+k)^j}$$

IRR 是 NPV = 0 时对应的贴现率即 k 值。具体计算采用插值法。

值得一提的是，式中 t 指项目投资期或者建设期，且 t 小于寿命期 n。因为许多教材中没有体现建设期超过 1 年时多期投资额折现的问题，所以笔者对该公式进行了改造。

正如多数教材所得出的结论，在一般情况下，就同一投资方案而言，无论是运用内部报酬率方法还是净现值法进行投资决策，都可以得出相同的结论；对相互独立的投资方案，只要投资方案的 IRR 大于其资金成本，决策者就可以接受；在多个不同而且互斥的投资方案中，只能选择其中的最佳方案，而由于两种方法对再投资的报酬率的假设各不相同，根据内部报酬率法有时会做出错误的决策，而净现值法总是正确的，考虑到决策者的目的，总会优先选择净现值大的投资方案，所以 NPV 法优于 IRR 法。

由于净现值法和获利指数法使用的是相同的信息，在评价投资项目优劣时，结论是一致的。然而在原始投资额不相同时，有可能会出现相反的结论。净现值越高，说明企业的收益越大，而获利指数只反映投资回收的程度，而不反映投资回收了多少，在只存在上述一个投资方案而没有其他投资机会的互斥选择方案中，应选择净现值较大的投资方案。可见，净现值法优于获利指数法。

此外，考虑到寿命期差异大的项目，有的学者提出了等年值法和最小公倍数寿命法。笔者认为这两种方法的实用性较差，因为等年值法把项目的总现值平均到每一年去，实质上还是 NPV 法；而最小公倍数寿命法不考虑客观条件，只是把方案复制再复制，寿命期相同了，其他的因素却面目全非，所以实用性不够。

综上，在长期投资决策的方法中，贴现现金流量法优于非贴现现金流量法，净现值法又优于内部报酬率法和获利指数法。鉴于净现值法在所有的投资决策中均能符合投资决策者的意图，所以 NPV 法最好也最常用。

7.2.3 初步考虑风险计量方法

该类方法既考虑时间价值又考虑风险价值，一般从调整现金流量和调整贴现率两方面进行。调整现金流的方法具体有决策树法和肯定当量法。

决策树法测定项目未来各年可能的现金流量及其发生概率并以树状图的形式将其列示其间，通过这种相互依存关系再计算期望净现值，依据"单一方案 NPV 大于 0、互斥方案取 NPV 正值最大"的规则来决策。

但当项目期限长、现金流量可能概率分布多时，计算和决策树图都将变得十分复杂。两年期的决策树如图 7-1 所示。肯定当量法则借助于不同风险程度下的约当系数来调整项目各年的现金流量，计算较简单。隐含假设是风险小的时候约当系数大，折合的现金流量大。这种方法可以根据各年不同的风险程度选用不同的肯定当量系数。风险程度用标准差来表示，它与当量系数的对应关系可以参考表 7-3。

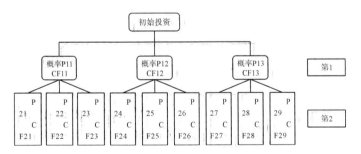

图 7-1 两年期的决策树

说明：第 1 年：$\sum$（P11P12P13）= 1；第 2 年：$\sum$（P21P22P23）= 1，$\sum$（P24P25P26）= 1，$\sum$（P27P28P29）= 1。

表 7-3　风险程度与当量系数的对应关系表

项目	系数	系数	系数	系数	系数	系数	系数
风险程度	0.00 ~0.07	0.08 ~0.15	0.16 ~0.23	0.24 ~0.32	0.33 ~0.42	0.43 ~0.54	0.55 ~0.7
约当系数	1	0.9	0.8	0.7	0.6	0.5	0.4

考虑风险因素还可以调整贴现率。具体方法有很多，常用的有：用风险报酬斜率调整贴现率、资本资产定价（CAPM）模型。贴现率或资金成本率是投资者要求的最低报酬率。当项目风险加大时，投资者要求的报酬率上升，计算指标时贴现率应提高，反之则降低。但是在项目生命期内，如何确定风险调整贴现率和等价系数，至今未有令人满意的方法。

7.2.4　实物期权方法

无论是动态的贴现方法还是考虑风险的决策方法，都以NPV作为决策指标。NPV成立的假设条件有：①项目投资的可逆性，即投资形成的资产可在情况不利的条件下无损失地收回；②项目投资是孤立的，不考虑项目间的关联和项目对企业战略管理的关联及创造后续投资机会的价值；③项目投资决策的刚性或不可延迟性，即在决策时间点上要立刻决定是否投资，否则以后就没有机会；④能够准确估价或预期项目在生命期内各年所产生的净现金流，并且能够确定相应的贴现率或风险调整贴现率；⑤投资内外部环境不发生预期以外的变化，市场条件和竞争状况严格按照预定方式发展，投资主体被动，缺乏柔性管理，忽略无形资产的价值。传统分析方法的普遍推广应用造成了投资项目的价值低估和项目投资的严重不足。但随着Black和Scholes的期权定价理论的出现，并由Mayers（1977）首次将其用于实物投资决策而形成实物期权方法，该方法克服了以

NPV 为核心指标的弊病。下边用简单算例来说明。

假设建造一个新工程，考虑到市场风险和管理的弹性，决定投资分两阶段进行。首期先投资 1 300 亿元，预期可产生的各年利润流量如表 7-4 所示，且第六年后的利润流量折现到第六年；考虑三年后，如果时机成熟则进一步投资 3 500 亿元，预期可产生的利润流量如表 7-4 所示，且第六年后的利润流量也折现到第六年。假设投资利润折现率为 12%。

表 7-4　某工程投资现金流量表　　单位：亿元

0	1	2	3	4	5	6
-1 300	80	90	100	120	125	130
			-3 500			后期现值 1 550
				200	220	250
						后期现值 4 000

如果按照传统的 NPV 分析方法，经过计算，第一阶段净现值为 -87.32 亿元；第二阶段净现值为 -86.11，共计 -173.43 亿元，那么该工程项目将被否决。

如果按照实物期权的分析方法，则意味着该工程项目含有扩张的期权。经过计算，第二阶段扩张的现值为：2 405.12；根据 Black-Scholes 的期权定价模型，有：S = 2 405.12 亿元；X = 3 500 亿元；T = 3；并假设无风险利率 r = 5%，第二阶段投资收益的波动率 $\sigma = 0.25$。

$$\theta = SN(d_1)\ XE(-rT)\ N(d_2)$$

其中

$$d_1 = \frac{\ln(S/X) + (r+\sigma^2/2)}{\sigma\sqrt{T}}$$

$$d_2 = d_1 - \sigma\sqrt{T}$$

可以计算出该工程项目包含的增长期权的价值为 220.75 亿

元，所以该工程项目的战略价值 = 220.75 - 87.32 = 133.43 亿元。此时，尽快进行初期投资并拥有后期扩张的期权可能才是正确的选择。

7.2.5 博弈期权投资评价方法

在完全竞争的市场中，投资项目的净经营现金流入的期望值在达到项目收益与资本机会成本对等之前，一直处于变化之中。企业拥有的经济租金优势会很快消失，其决策方法仅仅依赖于实物期权的分析结果，不存在博弈分析。在垄断竞争的市场中，仅有一家垄断企业独享市场，项目投资的实物期权和垄断租金不存在任何竞争，因此，其项目投资决策仅仅依赖于含实物期权的项目估值结果，并追求利润最大化，也不存在博弈分析。而界于完全竞争和垄断竞争之间的是寡头竞争，特别是两家竞争的寡头竞争市场，在进行项目投资估价和决策时必须考虑其他竞争者的经营策略、经营状况以及经济租金的转化和竞争者进入后的期权变化问题，即必须运用博弈分析方法。博弈分析方法主要用来分析决策主体的行为发生直接相互作用时的决策组合以及决策组合的均衡问题，即一个决策主体如何影响其他决策主体以及又是如何受到其他决策主体的影响；进一步地，该方法可用于研究决策主体之间的行为能否达到一种相对稳定的均衡状态以及当达到一种有利的均衡状态时如何维持该均衡状态。

7.3 投资决策评价方法比较结论

表 7-5 对各阶段的评价方法分别从隐含假设、指标类型、决策原则、实际运用状况等方面进行了具体的比较分析。

表 7-5　财务评价具体方法的比较

比较项目	隐含假设	指标类型	决策原则	实际运用状况	评价
传统静态方法	各年 CF 价值相同,管理僵化	绝对数时间型相对数比率型	PP 越短越好 ARR 越高越好	我国企业运用普遍	最容易使用和计算;未考虑时间价值和风险价值
传统动态方法	各年 CF 价值不同;投资可逆,再投资报酬率等于资金成本 k;再投资报酬率等于 IRR	绝对数价值型相对数倍数型相对数比率型绝对数价值型绝对数时间型	NPV ≥ 0 越高越好 PVI ≥ 1 越高越好 IRR ≥ k 越高越好 NAV 越高越好 PVPP 越短越好	20世纪70年代以来发达国家运用较多我国部分企业运用	比较容易计算;考虑时间价值,不考虑风险价值
初步考虑风险计量方法	风险可以测定概率	绝对数价值型	调整现金流后 NPV 调整贴现率后 NPV	较少运用	比较难计算;考虑时间价值;考虑风险价值
实物期权方法	投资决策实施有选择权	绝对数价值型	视情况而定	没有应用	实务界不理解,难以接受
博弈期权法	寡头竞争的市场条件	绝对数价值型	策略选择	没有应用	实务界不理解,难以运用

从隐含假设来看,各类评价方法的假设由确定性到不确定性的变化过程依赖于经济学的理论基础;指标类型大多数属于绝对数价值型指标;决策原则从简单到复杂,更具有柔性和模糊性;据调查,在我国的实际运用中,评价方法的运用尚停留在传统阶段。

值得一提的是,实物期权方法是在传统投资决策方法的基础上产生和发展起来的,是对传统环保投资决策方法的修正和补充,其中主要是对净现值法的继承和完善。传统的环保投资决策方法特别是净现值法在目前的投资项目决策中最常使用。净现值法是根据未来现金流入的现值和未来现金流出的现值之差确定净现值,依据净现值是否为正数确定是否投资。但是市场瞬息万变,特别是环保投资项目受自然环境、国家政策的影响深远,不确定性大,未来的现金流量难以预算,投资时机难以确定，净现值法使用现金流量计算无法体现不确定性的影响。同时净现值法对是否投资的二维选择即"或者马上投资或者放弃投资"的分析也是不完善的，因为有时推迟投资所减少风险的价值会大于马上投资获得的收益。再者，净现值法也未考虑管理灵活性对项目价值的影响，因此一般情况下，净现值法容易造成项目价值被低估。实物期权法考虑了投资不确定性带来的影响并将投资的选择扩展到三维选择即现在投资、推迟投资和放弃投资三种选择，并且考虑了管理灵活性对项目价值的影响，因此实物期权法主要是对净现值法的不足即投资机会的分析和投资灵活性的补充。

实物期权法下，投资者可以根据环境的变化选择投资机会。当环境有利于投资时开始投资。当环境目前不利于投资但可能会向有利于投资的方向发展时，投资者可以暂时不投资而将投资机会推迟到适合投资时，而不是选择净现值法下的放弃投资。在环保投资项目的投资实施过程中，投资者也可以根据环境的变化调整投资。当市场有利时增加投资以增加投资收益，当市场不利时减少或放弃投资以避免项目价值的损失。实物期权法增加了投资选择，充分考虑了管理的灵活性，更能准确估算环保投资项目的价值。

7.4 环保性投资决策运用举例——实物期权法应用

某公司位于中国某矿业城市，该市污染严重。调查发现，随着生活水平的提高，居民对城市的污染状况日渐不满，对环境质量低的产品越来越排斥，认为这种产品会影响身体健康。公司捕捉到这一商机，准备购入设备生产环保产品。公司计划投资 1 500 万元，预计正常情况下每年净现金流量为 158 万元，无风险利率为 5%，风险报酬率为 5%。但是环保产品比同类普通产品价格高 10%，公司管理层不知道消费者能否接受。经过反复测算，结果是：如果新产品受顾客欢迎，每年预计现金净流量为 185 万元；如果顾客不欢迎，每年预计现金净流量为 125 万元。由于不确定性的影响，管理层在进行投资决策时须考虑实物期权。

资本成本＝5%+5%＝10%

净现值＝158/10%−1 500＝80（万元）

按照传统的环保投资决策方法，由于净现值为正，可以决定现在马上投资。但是由于现金流量具有不确定性，必须考虑实物期权的价值。这是一个时机选择权，即选择现在投资、推迟投资还是放弃投资。显然，净现值为正，企业不应放弃投资，那么就在立即投资和推迟投资之间做出选择。利用二项式定价模型计算时机选择期权的价值。

上行经营现金流量现值 Su＝ 185/10%＝1 850（万元）

下行经营现金流量现值 Sd＝ 125/10%＝1 250（万元）

假定实物期权到期时间为一年。现金流量上行时实物期权价值 Cu＝1 850−1 500＝350（万元）；现金流量下行时项目价值为 1 250 万元，小于投资成本 1 500 万元，实物期权价值为零，放弃投资。

报酬率＝（本年现金流量+期末价值）/年初投资−1

上行报酬率 u＝（185+1 850）/1 500＝135.67%

报酬率增加百分比＝135.67%−1＝35.67%

下行报酬率 d＝（125+1 250）/1 500＝91.67%

报酬率下行百分比＝91.67%−1＝−8.33%

5%＝上行概率×35.67%+（1−上行概率）×（−8.33%）

上行概率＝0.303

实物期权到期日价值=0.303×350+（1-0.330 5）×0

$$=106.05（万元）$$

实物期权价值 C0=106.05/（1+5%）=101（万元）

由计算可知，如果现在投资可以获得 80 万元的净现金流量；如果推迟一年投资，时机选择期权的价值是 101 万元，大于立即投资取得的收益，因此等待是公司最好的选择。

当然，并不是等待就一定对公司有利。如果公司本项目投资1 400万元，则

净现值=158/10%-1 400=180（万元）

Cu=1 850-1 400=450（万元）

u=（185+1 850）/1 400=145.36%，u-1=45.36%

d=（125+1 250）/1 400=98.21%，d-1=-1.79%

5%=上行概率×45.36%+（1-上行概率）×（-1.79%）

上行概率=0.144

实物期权到期日价值=0.144×450+（1-0.144）×0

$$=64.77（万元）$$

C0=64.77/（1+5%）=61.69（万元）

由计算可知，当投资成本为 1 400 万元时，立即投资可以获得 180 万元的净现金流量；如果推迟一年投资，只能获得 61.69 万元的时机选择期权价值，小于立即投资取得的收益，公司立即投资可以获得更多的收益。因此，并非所有的等待都是值得的。投资者在计算实物期权时一定要具体问题具体分析。

7.5 环保性投资效率研究

面对严峻的环境压力，我国一些地方的环境保护投资的总量在不断增加，但是取得的效果仍不够理想，环境保护投资总

额的不断增加并没有有效地控制住污染物的排放量，而造成这种现象的主要原因就是环境保护投资的运行效率低下。环境保护投资的运行效率低下，不仅会使大量的环境保护投资资金被白白浪费掉，造成资源浪费，而且还会使环境质量继续恶化，对人民生活和经济发展产生相当大的负面影响。因此，对环境保护投资运行效率的研究就尤为重要和必要。

根据国际经验，当环境保护投资占国内生产总值的比例达到1%以上时，才能基本控制环境恶化；当环境保护投资占国内生产总值的2%以上时，才能较有效地改善环境质量。在20世纪七八十年代，大多数发达国家的环境保护投资占国内生产总值的比重已经达到2.0%，而我国同时期环境保护投资占国内生产总值的比重只有0.5%，与发达国家的环境保护投资力度有很大的差距。到2000年，我国环境保护投资占GDP的比重也仅达到1.5%左右，而近年来山东省环保投资总量占同期山东省生产总值的比例小于全国水平，该比重不到1.4%。也就是说，我们的环境保护投资直到21世纪初才达到可以基本控制环境恶化的水平，距离可以改善环境状况的水平还很远。

表7-6 部分国家环保投资占GDP的比重

国家	比重（%）	时期
美国	2.0	1971—1980年
日本	2.9	1975年
德国	2.1	1975—1979年
英国	2.4	1971—1980年
加拿大	2.0	1974—1980年
意大利	1.3	1976—1980年
荷兰	1.3	1976—1980年

孙冬煜根据国内外环境保护投资的发展状况总结出三个规律：①某国一定时期内的环保投资水平，与其经济发展相适应；环保投资总量及其占 GDP 的比例，都随着国民经济的发展和环境标准的提高而增长。②环保投资超前增长是世界各国基本的发展趋势，对于在生产技术进步、环保技术装备水平提高的经济发展阶段上，对于环保投资规模比国民生产总值增长得更快些的现象，我们可以借用马克思主义的"生产资料优先增长规律"的提法，把它称为"环保投资优先增长规律"。③环保投资比国民生产总值年均增长率偏高的幅度并不是一成不变的，而是趋于缩小。当经济发展到一个较高水平以后，在技术没有重大突破的条件下，环保投资比例将比较稳定，届时环保投资与国民生产总值接近于同步增长。这表明"环保投资优先增长规律"只是某个阶段发挥作用的经济规律，具有历史阶段性。事实上，绝大多数经济规律都有这种阶段性特点。当然，这里讲的是总趋势，不是在每个年份、每个时期，环保投资增长幅度都趋于缩小。笔者利用孙冬煜（2002）所构造的"环境保护投资优先增长模型"，并结合山东省的实际情况，对山东省环境保护投资的运行效率进行了实证检验。

7.5.1　环境保护投资运行效率评价模型的构建

从表面上看，环保投资变化趋势是一种纯粹的经济现象，而实际上，它是由经济发展、人口增长、环境保护需求、技术水平等多种因素共同决定的。具体而言，在环境-经济-社会大系统中，受经济、技术条件的制约，国家在一定时期内的环保投资规模与由经济发展和人口增长引发的环境问题以及既定环境目标之间保持着一种动态平衡。用数学模型明确地表达出来这种平衡关系，可以反映环保投资变化规律发挥作用的技术经济基础。

为了建立数学模型，我们首先提出一些假设条件：

（1）环境问题仅指环境污染，而环保投资也仅指环境污染治理投资；

（2）环境-经济-社会系统内普遍存在物质平衡规律；

（3）生产和消费部门是污染源；

（4）污染削减只与环保投资规模及治理技术效果有关；

（5）环保投资规模与国力相适应，并且环保投资周期为零。

若不考虑环境污染历史欠账，每期均能达到既定环境目标，那么根据物质平衡规律，某国第 t 年由生产和消费部门产生的污染总量与经济环保投资消除的污染量及未消除量之间的平衡关系如下：

$$pG_t + cU_t = eI_t + R_t \qquad (7-1)$$

上式 7-1 可称为"污染平衡方程式"。方程式的左端第一项代表生产部门产生的污染量，它取决于生产部门的产值（国民生产总值）G_t 和生产污染系数 p，其定义为单位国民生产总值所产生的污染量；第二项代表消费部门产生的污染量，它取决于国民消费支出，可用消费基金 U_t 表示，另外还取决于消费污染系数 c，其定义为单位消费基金所产生的污染量。方程式的右端第一项代表环保部门消除的污染量，它取决于环保投资总量 I_t 和治理效果系数 e，其定义为单位环保投资所消除的污染量；第二项代表未消除的污染量 R_t，也就是第 t 年达标排放的污染量。

将 7-1 式两端分别除以 G_t，则变形为：

$$p + c(U_t/G_t) = e(I_t/G_t) + (R_t/G_t) \qquad (7-2)$$

令 $nt = U_t/G_t$，表示消费基金占 GDP 的比例，称为消费比例系数；$k_t = I_t/G_t$，表示环保投资占 GDP 的比例，称为环保投资比例系数；$b_t = R_t/G_t$，表示单位 GDP 达标排放的污染量，称为排放系数，即环境标准。则

$$p + c \times n_t = e \times k_t + b_t$$

上式经整理可得：

$$k_t = (p + c \times n_t - b_t)/e$$

7-2 式表明：第 t 年环保投资规模与治理效果及排放系数成反比，与生产污染系数、消费比例系数及消费污染系数成正比。在一定时期内，生产和环保技术水平不变，p、c、e 即为定值，而消费比例系数 n_t 也可视为定值，那么显然 k_t 仅与 b_t 有关。b_t 越小，k_t 越大，即随着环境标准的提高，环保投资规模逐渐增长。另外，由于环境标准最终不会确定在 $b_t = 0$ 的无污染排放上，而会固定于一个人们普遍能接受的范围内，这就决定了环保投资规模的增长将趋于稳定。

归纳以上内容：一定时期内，在技术水平不变的条件下，环保投资规模以一国经济水平为基础，随着环境标准的提高而增长，当增长到一定程度时，将趋于稳定。这个结论与国内外环保投资实践相一致，从而说明了污染平衡方程式是客观、有效的。如果进一步地对方程式进行推导，那么我们可以证明环保投资优先增长的规律。

假设考虑到环境污染历史欠账，那么开始治理初期有一定污染量 CR，在一定时期内逐步实现目标排放 BR 的过程中，每期治理的污染量是上期遗留的超标排放量与当期产生的污染量的总和，而且每期治理后的排放率以 r（r=R/G）的递减率逐年减少。根据这些假设，得到下面的方程式：

CR+（p+c×n）G_1=e×I_1+R_1（第一期污染平衡方程式）

$$(7-3)$$

R_{t-1}+（p+c×n）G_t=e×I_t+R_t（考虑上期污染的第 t 期污染平衡方程式）   (7-4)

G_t=$G_1$$(1+x_{GDP})^{t-1}$（国民生产总值以 x_{GDP} 的增长率递增）

$$(7-5)$$

Rt/Gt=R1/G1$(1-r)^{t-1}$（治理后的污染排放率以 r 的递减率

减少） (7-6)

将7-6式整理为：

$R_t = R_1 (1+\theta)^{t-1}$ （治理后的污染排放量以 θ 的变动率变动）

(7-7)

式7-7中，$\theta = x_{GDP} - r(1+x_{GDP})$

再设第 t 期环保投资增长率为 x_{EPE}，则有

$x_{EPE} = (I_t - I_{t-1})/I_{t-1} = \triangle I_t / I_{t-1}$

$\triangle I_t = [(R_{t-1} - R_t) + (p+c \times n) G_t]/e - [(R_{t-2} - R_{t-1}) + (p+c \times n) G_{t-1}]/e$

$= [(2R_{t-1} - R_{t-2} - R_t) + x_{GDP}(p+c \times n) G_{t-1}]/e$

$x_{EPE} = \triangle I_t / I_{t-1} = [(2R_{t-1} - R_{t-2} - R_t) + x_{GDP}(p+c \times n) G_{t-1}]/eI_{t-1}$

上式两端除以 x_{GDP}（$x_{GDP} > 0$），则

$x_{EPE}/x_{GDP} = (2R_{t-1} - R_{t-2} - R_t)/(x_{GDP} \times e \times I_{t-1}) + (p+c \times n) G_{t-1}/(e \times I_{t-1})$

上式右端第二项根据 t-1 期污染平衡方程式可变形为：

$(p+c \times n) G_{t-1}/(e \times I_{t-1}) = 1 + (R_{t-1} - R_{t-2})/(e \times I_{t-1})$

那么，

$x_{EPE}/x_{GDP} = 1 + [(2+x_{GDP}) R_{t-1} - (1+x_{GDP}) R_{t-2} - R_t]/(x_{GDP} \times e \times I_{t-1})$

将 $R_t = R_1 (1+\theta)^{t-1}$ 代入上式，则得到环保投资优先增长模型：

$x_{EPE}/x_{GDP} = 1 + [\theta(x_{GDP} - \theta) R_1 (1+\theta)^{t-3}]/(x_{GDP} \times e \times I_{t-1})$

在环保投资优先增长模型中：$R_1 (1+\theta)^{t-3}/(x_{GDP} \times e \times I_{t-1})$ >0，所以，如果环保投资增长速度快于经济增长速度，即 $x_{EPE}/x_{GDP} > 1$，环保投资在正常的运行效率下，$\theta(x_{GDP} - \theta)$ 就必定是正数，即 $x_{GDP} > \theta$。因此，我们可以通过比较 x_{GDP} 和 θ 的大小来评价环保投资运行效率的高低。理论上讲，在环保投资运行具有

相当效率的前提下，θ 应当小于 x_{GDP}，且其越接近于 0 或者为负，表明环保投资的运行效率越高。

在环保投资优先增长模型中，考虑到环境质量的改善是循序渐进的，每年治理后的污染排放减少速度应该是逐渐加快的，也就意味着在治理初期的一段时间内，污染排放的绝对量有可能增加，即 θ>0，此时 $r< x_{GDP}/（1+ x_{GDP}）$；随着环境治理强度的加大，当 $r> x_{GDP}/（1+ x_{GDP}）$ 时，污染排放的绝对量出现负增长，即 θ<0，此时的环境质量才可能有明显好转。由此分析，我们认为在环境质量发生明显好转之前，必然经过 θ>0 的阶段，而且根据 $θ=x_{GDP}-r（1+x_{GDP}）$ 可知，此时 $θ< x_{GDP}$。在这样的条件下，下列不等式成立：$[θ（x_{GDP}-θ）R_1（1+θ）^{t-3}]/（x_{GDP}×e×I_{t-1}）>0$，从而 $r_{EPE}/r_{GDP}>1$，即 $r_{EPE}>r_{GDP}$。也就是说，环境污染的解决、环境质量的不断好转，需要环境保护投资的增长快于 GDP 的增长。

7.5.2 实证检验

山东省环境保护投资所取得的治污效果相对于其自身的增长速度是不成比例的，这主要是环境保护投资运行效率低下造成的。下面利用所构建的模型来进行实证检验。

我们将利用 SPSS16.0 软件，分别计算出 2001—2012 年山东省环保投资（EPE）和山东省生产总值的环比增长速度。其中山东省生产总值数据来源于 2013 年《山东省统计年鉴》，山东省环保投资数据来源于历年《中国环境统计年鉴》。

设 GDP 的增长模型为：$GDP_t = GDP_0×（1+x_{GDP}）^t$

取对数后有

$lnGDP_t = lnGDP_0+t×ln（1+x_{GDP}）$

设 $a_0 = lnGDP_0$；$a_1=ln（1+x_{GDP}）$，得到模型：

$lnGDP_t = a_0+t×a_1$

把山东省生产总值数据带入，利用 SPSS16.0 软件进行回归，我们可以得到下面结果，如表7-7～表7-9所示。

表7-7　Model Summary

Model	R	R Square	Adjusted R Square	Std. Error of the Estimate
1	0.997[a]	0.994	0.993	0.045 090 632 603

a. Predictors：（Constant），t

表7-8　ANOVA[b]

Model		Sum of Squares	df	Mean Square	F	Sig.
1	Regression	3.015	1	3.015	1.483E3	0.000[a]
	Residual	0.018	9	0.002		
	Total	3.034	10			

a. Predictors：（Constant），t

b. Dependent Variable：lny

表7-9　Coefficients[a]

Model		Unstandardized Coefficients		Standardized Coefficients	t	Sig.
		B	Std. Error	Beta		
1	（Constant）	9.119	0.025		358.542	0.000
	t	0.166	0.004	0.997	38.510	0.000

a. Dependent Variable：lny

由以上山东省生产总值的回归结果知 $a_1 = \ln(1 + x_{GDP}) = 0.166$。对其取反对数，然后减去1，得出每年山东省生产总值的平均增长速度 $x_{GDP} = 18.06\%$。

同理，设环境保护投资的增长模型为：

$$EPE_t = EPE_0 * (1 + x_{EPE})^t;$$

取对数后有：

$lnEPE_t = lnEPE_0 + t * ln \ (1 + x_{EPE})$

设 $b_0 = lnEPE_0$；$b_1 = ln \ (1 + x_{EPE})$，得到 EPE 的模型为：

$lnEPE_t = a_0 + t * a_1$

把山东省环保投资数据带入，利用 SPSS16.0 软件进行回归，我们可以得到下面结果，如表 7-10~表 7-12 所示。

表 7-10　Model Summary

Model	R	R Square	Adjusted R Square	Std. Error of the Estimate
1	0.982^a	0.964	0.960	0.115

a. Predictors：（Constant），t

表 7-11　ANOVA[b]

Model		Sum of Squares	df	Mean Square	F	Sig.
1	Regression	3.227	1	3.227	243.529	0.000^a
	Residual	0.119	9	0.013		
	Total	3.346	10			

a. Predictors：（Constant），t

b. Dependent Variable：lny

表 7-12　Coefficients[a]

Model		Unstandardized Coefficients		Standardized Coefficients	t	Sig.
		B	Std. Error	Beta		
1	（Constant）	4.710	0.065		72.542	0.000
	t	0.171	0.011	0.982	15.605	0.000

a. Dependent Variable：lny

由以上山东省环保投资的回归结果可知 $b_1 = \ln(1 + x_{EPE}) = 0.171$。对其取反对数，然后减去1，得出每年山东省环保投资的平均增长速度 $x_{EPE} = 18.65\%$。

我们带入数据可得到：$x_{EPE}/x_{GDP} = 18.65\%/18.06\% > 1$，可见，2001—2012年，山东省环境保护投资的增长速度快于山东省生产总值的增长速度。

7.5.3 实证结果分析

我们引入2001—2012年山东省主要污染物的排放量（表7-13）来对实证结果进行分析。

表7-13　山东省主要污染物的排放量

项目 年份	工业废水 排放量 （亿吨）	生活污水 排放量 （亿吨）	工业废气 排放量 （亿标立方米）	工业固体 废弃物 产生量 （万吨）
2001	11.5	12	14 453	6 215
2002	10.7	12.4	14 306	6 559
2003	11.6	13	16 139	6 786
2004	12.9	13.5	20 357	7 922
2005	13.9	14.1	24 129	9 175
2006	14.4	15.8	25 751	11 011
2007	16.7	16.8	31 341	11 944
2008	17.7	18.2	33 505	12 988
2009	18.3	20.4	35 127	14 138
2010	20.8	22.8	43 837	16 038
2011	18.7	25.6	50 452	19 533

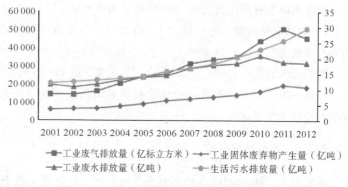

图 7-2　山东省主要污染物排放量变动趋势

　　从图 7-2 中可以看出，山东省主要的污染物排放量，总体都呈上升趋势，只有工业废水排放量在 2011 年有所下降，比 2010 年略低，但其绝对量却从 2001 年的 11.5 亿吨上升到 2011 年的 18.7 亿吨，增加了 62.62%，其平均每年增长速度为 6.82%。生活污水的排放量持续上升，到 2011 年达到 25.6 亿吨，增加到其 2001 年排放量的 2 倍还多，其年平均增长速度为 7.57%。工业废气排放量和工业固体废弃物的产生量更是大幅度增长，分别从 2001 年的 14 453 亿标立方米和 6 215 万吨增长到 2011 年的 50 452 亿标立方米和 19 533 万吨，其增长幅度分别高达 249% 和 214%，年平均增长速度分别为 14% 和 12.19%。

　　根据前面的假设，治理后的污染排放量以 θ 的变动率变动，并且 $\theta = x_{GDP} - r(1 + x_{GDP})$。我们通过比较 θ 和 x_{GDP} 的大小就可以评价环境保护投资运行效率的高低。根据四种主要污染物排放量的平均增长速度，我们计算出工业废水、生活污水、工业废气、工业固体废弃物的 θ 分别是 26.11%、27%、34.58%、32.45%。

　　由此可见，山东省环境保护投资的增长速度明显快于山东省生产总值的增长速度，但是并没能有效控制污染物的排放总量。从总体上看，山东省的污染物排放量呈逐年上升的趋势，且上升幅度比较大。虽然山东省每年的环境保护投资是不断增加的，但是相对于其自身的高速增长，环保投资所取得的治污效果并不显著。造成这种结果的原因，主要就是山东省环境保护投资的运行效率低下。

7.6 环境保护投资运行效率结果分析及原因解释

通过以上对山东省环境保护投资效率的实证检验可以看出，目前山东省的环境保护投资的总量虽然在不断增加，但是取得的效果仍不够理想，环境保护投资总额的不断增加并没有有效地控制住污染物的排放量，而造成这种现象的主要原因就是环境保护投资的运行效率低下。环境保护投资的运行效率低下，不仅会使大量的环境保护投资资金被白白浪费掉，造成资源的浪费，而且还会使环境质量继续恶化，对人民生活和经济发展产生相当大的负面影响。而环境保护投资运行效率之所以低下，主要有以下几个方面的原因：

7.6.1 环保资金管理不善，环保设施运行效率低，环保投资监管不力

我国环境保护投资资金管理不善，不能实现专款专用，环保费用被挤占、挪用现象比较普遍。环保基础设施投资是我国环境保护投资中比较重要的一部分，但以往的调查发现大量环保设施处于闲置状态，环保基础设施正常运行率很低，从而在一定程度上降低了环境保护投资的利用效率。我国环保领域重投资轻运行的现象十分普遍。从历史数据来看，1984—1987年环保部门对全国5 556套工业废水处理设施的运行情况进行调

查，调查结果显示，因报废、闲置、停运等而完全没有运行的设施占 32%，而在占比 68% 的运行设施中，能实现达标排放的也不超过半数。2002 年度国家审计署报告指出，全国 9 省区 37 个国债环保项目，只有 9 个项目按计划完工并且达到了施工要求，仅占全部项目的 24%。在我国有些地方，环保建设项目缺乏专业的可行性论证，环保基础设施建成后的实际使用率很低。在调查中也发现，部分企业安装的污染治理设施仅仅是为了应付环境保护相关部门的检查，实际并未真正运行，从而导致环境保护投资效率不高，造成了环保资金的极大浪费。环境保护投资的管理缺乏约束机制和有效的监督机制，资金审批、使用不透明，各种监督不到位，造成了环境保护资金的极大浪费。

7.6.2 没有有效利用市场经济模式，缺乏有效的竞争机制

我国污染治理的社会化程度低，目前还没有形成一个有大量民营企业参与环保设施投资的良好市场竞争机制。在工业污染治理方面，大部分污染企业都是自己建设处理设施自己运行管理，较少考虑通过委托合同的方式充分利用社会化分工和规模经济效应，让专业化企业来治理污染。由于规模不经济，中小企业采取自己建设和运营设施的分散治理模式，导致了环保投资效率极其低下。

现行的环境保护投资行为方式和经营管理方式严重滞后于社会整体的市场化进程。设计不合理、处理设施技术不过关、工程质量差、管理水平低及缺乏有效的竞争机制，导致了环境保护投资运行效率不高。

7.6.3 山东省环境保护产业自身总体水平较低

经过多年的发展，山东省环境保护取得了一定的发展，但与发达地区相比还有很大差距，无论是规模上还是质量上都处

于不利地位。山东省环保类企业不仅数量上不足，而且多以中小型企业为主。绝大多数的中小企业没有长期发展战略，缺乏适应市场竞争的经营理念和科学的管理体制。同时，它们的技术力量相当薄弱，致使很多污染治理设施设备达不到国家有关标准。而治污企业缺乏专业化的人才，其对治污设施设备的购买具有很大的盲目性，往往是花费巨资买来一堆废铜烂铁，不仅造成了环境保护资金的极大浪费，而且严重挫伤了企业治理污染的积极性。

7.6.4 缺少法制环境和责任约束机制

法制环境和责任约束机制的缺失，使得在项目招标和监理中出现大量行贿受贿现象，导致很多污染处理设施设备设计不合理、技术不过关、工程质量差，这严重浪费了环保资金。同时由于相关人员干扰执法以及执法不力等原因，我国普遍存在重投资轻运营的现象。环保法律法规、技术规范和环境标准的不完善，再加上执行不到位，致使一些企业为了生存或为了追求更大的利润而对环保设施设备开开停停，环保设施设备时停时转的现象较为严重。这些现象都会造成环保投资运行效率低下。

8 环境管理会计应用调研分析

　　笔者希望在理论研究之外,再对周围部分企业环境管理会计应用情况进行实际调研。笔者选择了驻地在泰安市的石横特钢集团有限公司、山东泰山能源有限责任公司、山东华宁矿业集团公司、肥城白庄煤矿有限公司、山东泰邦生物制品有限公司、山东中兴昆仑投资有限公司的会计(财务)主管作为调研对象,对其进行了调研及访谈,了解了泰安市部分制造企业对应用环境管理会计方法的态度和意愿。以下内容将逐个对问题调研结果进行分析。为方便起见,相关受调研企业分别用 A、B、C、D、E 来表示。

8.1 被调查企业基本信息

　　被调查企业基本信息见表 8-1。

表 8-1 被调查企业基本信息

被调查企业	被调查人职务	工作年限(年)	学历	员工规模(人)	注册资本金(亿元)	管理特点
A	资金主管	18	本科	7 000	10	分权
B	财务副主任	16	本科	4 000	3.2	分权
C	财务处长	20	本科	4 300	1.6	分权

表8-1(续)

被调查企业	被调查人职务	工作年限（年）	学历	员工规模（人）	注册资本金（亿元）	管理特点
D	财务科长	15	本科	3 300	0.294 4	分权
E	财务经理	10	本科	500	1.6	分权
F	财务经理	20	本科	700	0.2	集权

从表8-1可以看出：被调查人均为本科毕业，工作年限在10年以上，会计工作经验丰富，熟悉企业具体业务。企业中有一家钢铁制造企业、一家能源企业、两家矿业公司、一家生物制品公司、一家投资公司。企业规模大小相差悬殊，最大的超过10亿元，最小的只有2 000万元，但无论大小均涉及环境问题。规模较大的企业以分权管理为主，规模最小的企业以集权管理为主。

8.2 各企业环保性投资状况

各企业环保性投资状况见表8-2。

表8-2 各企业环保性投资状况

被调查企业	环保排污设施占固定资产比重（%）	强制还是自愿投资环保性固定资产	有没有因污染受过批评或处罚	对ISO14001认证了解程度
A	15	强制	没有	知道一些
B	18	强制和自愿都有	有	知道一些
C	7	强制	没有	知道一些
D	5	强制	有	知道一些

表8-2(续)

被调查企业	环保排污设施占固定资产比重（%）	强制还是自愿投资环保性固定资产	有没有因污染受过批评或处罚	对 ISO14001 认证了解程度
E	5	强制	有	知道一些
F	120 万	自愿	有	知道一些

从表 8-2 可以看出，各企业环保投资占固定资产的比重最多不超过 18%。从环保性投资发生的原因来看，为了遵守政府强制性规定才投入但也不排除自愿投入环保设施的有 2 家企业。六家企业中只有规模比较大的两家企业比较重视环保，没有遭到批评或处罚。所有的被调查企业都对 ISO14001 认证知道一些。

8.3　环境管理核算、污染原因、宣传参与情况

问卷中设计了关于环境管理核算、污染原因、宣传参与情况的问题，统计情况如表 8-3 所示。

表 8-3　环境管理核算、污染原因、宣传参与情况

被调查企业	环境管理纳入会计核算及财务计划、决策必要性	环境污染最主要的原因	重要性排序	企业参与环保宣传程度
A	非常有必要	经济发展过快		偶尔
B	可以纳入	人们环保意识太差		没宣传过
C	可以纳入	人们环保意识太差		偶尔宣传

表8-3（续）

被调查企业	环境管理纳入会计核算及财务计划、决策必要性	环境污染最主要的原因	重要性排序	企业参与环保宣传程度
D	非常有必要	政府监管力度不够	DBCA	偶尔宣传
E	非常有必要	政府监管力度不够	DBCA	偶尔宣传
F	可以纳入	人们环保意识太差	CDBA	经常

表8-3主要揭示了财务负责人对环境管理纳入会计核算及财务计划、决策必要性的认识。有三位认为非常有必要，有三位认为可以纳入，不管程度如何都为肯定的答复。对环境污染主要原因的认识上则比较分散，一半人认为最主要的原因是人们环保意识差，其次是政府监督力度不够，只有一个回答经济发展过快；各家企业不大参与对环保宣传，只有规模最小的被调查企业经常宣传环保理念。

8.4 政府环保管理效果与企业环保管理机构及人员安排

政府环保管理效果与企业环保管理机构及人员安排，见表8-4所示。

表8-4 政府环保管理效果与企业环保管理机构及人员

被调查企业	对政府环保工作满意度	单独设立环境管理机构	环境管理专职人员
A	比较满意	有	有
B	很不满意	有	有

表8-4(续)

被调查企业	对政府环保工作满意度	单独设立环境管理机构	环境管理专职人员
C	很不满意	没有	没有
D	一般	有	没有（科技部兼）
E	很不满意	没有	有
F	不太满意	有	有

表8-4统计结果显示，2/3的被调查企业不满意政府环保工作，只有规模最大的受调查企业财务主管表示比较满意；各企业内部多数设立了专门的环境管理机构和专职的环境管理人员。

8.5 环境成本管理应用状况

环境成本管理应用状况，见表8-5所示。

表8-5 环境成本管理应用状况

被调查企业	了解MA术语个数	了解环境成本程度	环境成本管理战略	环境成本可否量化
A	27	略微了解	未实施过	完全不计量
B	14	不了解	未实施过	完全不计量
C	16	略微了解	未实施过	部分量化
D	19	听过而已	未实施过	部分量化
E	23	不了解	未实施过	完全不计量
F	12	略微了解	不清楚	完全不计量

表8-5反映了被调查财务主管管理会计知识储备状况。调

查表中列出了管理会计中常用术语 30 项，从结果来看，各位主管均知道一些基本知识，有两位能掌握管理会计 20 项以上的术语，显示基础较好；但他们对于环境成本的了解程度似乎并不令人满意。对环境成本管理战略的了解情况也不容乐观，环境成本完全不计量的不在少数，仅两家主管表示部分量化。

8.6 环保性开支、保险、预测及责任状况

环保性开支、保险、预测及责任状况，见表 8-6。

表 8-6　环保性开支、保险、预测及责任状况

被调查企业	环保性支出	环境责任保险费	环保开支预测情况	环保责任分解到的层次
A	一般	不支付	大致估算	主要部门
B	很少	不支付	大致估算	没有分解
C	比较多	不支付	比较详细	主要部门
D	比较多	支付环境治理保证金	大致估算	主要部门
E	一般	不支付	大致估算	主要部门
F	很少	不清楚	不预测	主要部门

表 8-6 显示，有两家企业环保性支出比较多，有两家很少，有两家一般，比较均衡；似乎企业不用支付环境责任保险费，有一家支付环境治理保证金；对于环保性开支的预测情况，67% 的企业进行大致估算，17% 详细预测，规模最小的投资性企业根本不预测；从环保责任分解状况来看，绝大多数企业都分解到主要部门。

8.7 环境信息披露原因、渠道、作用

环境信息披露原因、渠道、作用，见表8-7。

表8-7 环境信息披露原因、渠道、作用

被调查企业	环保信息披露原因	环保信息披露渠道	加强环境管理是否会提升企业形象
A	维护形象	政府环保局网站上	会
B	政府强制	政府环保局网站上	会
C	政府强制	都可以	会
D	政府强制	政府环保局网站上	会
E	政府强制	都可以	会
F	政府强制	政府环保局网站上	会

表8-7显示，企业环境信息披露主要原因为政府强制披露，只有最大规模的被调查企业是基于维护形象；对于在哪里披露的问题，企业认为应该在政府环保网站上，但也不排除其他的披露渠道，显示出较高的包容度；受调查人员一致认为加强环境管理会提升企业形象。

调查显示，财务主管们充分认识到了管理会计对企业有帮助，也愿意学习相关的知识，可以考虑推广应用。见表8-8。

表8-8 对管理会计作用的认识及需求

被调查企业	管理会计对企业有无帮助	是否想学习管理会计知识	管理会计推广应用
A	有	想	可以考虑

表8-8(续)

被调查 企业	管理会计 对企业有无帮助	是否想学习 管理会计知识	管理会计 推广应用
B	有	想	可以考虑
C	有	想	可以考虑
D	有	想	可以考虑
E	有	想	可以考虑
F	有	想	可以考虑

8.8 调研结论

通过以上对详细数据的统计和分析,笔者认为环境管理会计方法在样本企业中应用程度不高,被调查的财务人员管理会计概念和方法知识储备不够,在企业价值提升方面不能发挥重要作用。从相关文献资料和企业现实来看,可以得出以下结论:

8.8.1 缺乏管理会计和环境会计人才

有的企业相关会计人员文化水平低,继续学习能力欠缺,不能有意识地运用管理会计方法。即使在理论上学过管理会计知识,在实践中也不会运用。财政部印发的《会计行业中长期人才发展规划(2010—2020)》中指出,到2015年要实现高级、中级、初级会计人员比例为5∶35∶60;到2020年这一比例为10∶40∶50。国内目前持证会计人员达1 500万人之多,但高级会计人才和管理型会计师人才不到40万人,以过往的财务会计知识体系为主要专业技能,真正的管理会计师人才缺口已达600万人之巨。

8.8.2 企业对环境管理会计投入与关注少，会计人员执行动力不足

大部分国内企业没有设置专业的管理会计岗位，往往是将各项任务分解到有关职能部门。例如把预测职能分配给统计部门，把计划职能分配给业务部门，把预算职能分配给财务部门，把决策职能分配给决策当局，把控制职能分配给生产或施工部门。再比如进行成本习性分析。尽管成本习性分析对于企业生产和定价决策及预算编制来讲非常重要，但是会计人员没有动力去做这项工作，因为企业不会因为会计人员多做了而奖励他，而且即使他们为企业创造了价值，也很难归为财务部门的业绩。

8.8.3 环境管理会计方法本身原因

管理会计方法本身在运用中需要满足一些前提，而且管理会计观念在建立时与传统观念产生冲突。而企业在照搬或套用过程中出现了问题，由于缺乏指导不好解决，最终使得原来选择运用的企业放弃使用或者想用的企业也望而却步。

9 我国环境会计应用的限制条件

自环境会计被引入我国以来，学者们对这一领域进行了多角度的热烈讨论，并取得了一定的成绩。但是与高涨的理论研究相比，企业的环境会计实际应用却明显冷清。学术研究的"热"与现实应用的"冷"形成鲜明对照。那么是什么制约了环境会计的实施？谢荣富（2003）提出了会计主体不明确、环保意识淡薄等八大因素。邵毅平（2004）认为，我国缺乏明确的环境会计信息计量方式、环境成本分配方式及环境会计准则。许家林（2004）指出理论成果尚缺乏实践指导性，使得环境会计的实践没有规范可循并阻碍了环境会计的开展。颉茂华等（2011）认为环境会计的实施本质上取决于企业、政府和理论学术界等几方的博弈决策。其实，通过回顾环境管理的发展历史我们可以看出，我国在环境管理会计的应用条件方面有些地方仍不够成熟。

9.1 环境管理的政治环境有待改善

政治环境的内容比较丰富，比如政治管理体制、政治态度、政治结盟等，这些因素往往从宏观上影响环境管理会计的存在和发展，而且这种影响在很多时候是决定性的。简单举例来讲，有如下方面：

（1）政治管理体制。在高度集权管理的国家，会计只是国家经济管理的工具，因而会计本身并不考虑环境方面的因素。比如我国在改革开放前，几乎没有环境管理会计方面的内容，更多的是关于会计任务的描述。而在英、美等联邦制国家，国家对经济的干预较少，只在环境约束上有较为明确的立法要求，因而，环境管理会计作为一门独立的科学得到了迅速的发展，环境管理会计一般也都在概念框架中进行了严密的表述，并与会计准则之间有着严密的逻辑关系。

（2）政治态度。政治态度在一定程度上也可以影响环境管理会计的存在和发展。比如我国过去一直只重视 GDP 的会计数字，而忽视了环境因素的会计反映，也不重视环境管理会计理论的发展。现在，由于受会计国际化和世界经济一体化的影响，我国正在积极研究适合我国国情的会计理论，包括环境管理会计，这也是政治体制和政治态度共同影响的结果。在西方，公众意见可以让环境问题成为众矢之的，迫使政府和企业进行治理。中国社会科学院提供的数字显示，1/4 的示威活动是环境问题引起的。这些示威人士不像农民抗议那样可以被轻易镇压：他们常常是中产阶级。在从苏联分裂出去的所有国家（一个除外）中，组成首届政府的政党都是从环保运动起家的。我国也应该引以为戒。

（3）官员考核。中央直接影响地方官员的途径之一就是对官员的升迁使用。据美国国家经济研究所研究，2003—2009 年，在环境项目上（污染处理厂等）投资多的市长并不比在促进经济增长的基础设施方面（例如道路）投资的市长得到的提升机会更大。经济增长仍然是地方考虑的主要问题。

9.2 环境管理法律有待完善

法律环境影响环境管理会计信息的质量要求、信息的规范化程度等。

（1）法律模式影响环境管理会计的信息加工方式。欧洲大陆法系国家的会计信息加工受到法律的影响较为明显，英美法系国家的会计工作则较少受到法律的直接影响，尽管如此，上述两个法系的国家都对环境管理会计提出了不同程度的法律要求和建议。比如，法国在1982年的会计总方案中，率先提出了环境管理会计的有关建议；美国、日本等国家能实施环境会计的重要原因，在于它们出台了环境会计准则或指南，这样就使企业能够有章可循。美国财务会计标准委员会（FASB）制定了相关准则，以帮助企业确认和揭示环境问题的潜在成本，更好地完成环境会计信息披露。《财务会计报表第5号标准》"应付意外情况会计"（FASB，1975）是处理潜在责任的权威标准。为帮助公司正确预计其具体的环境费用，近几年FASB还发布了一批补充标准，以及一个更为全面的涉及环境责任会计的第93-5号标准，提供了对来自其他责任方诸如保险公司、其他主要责任人的恢复环境成本处理、索赔标准。FASB标准明确了环境补偿的范畴，量化了环境成本的确认；针对损失额的计算提出了核算依据；对信息披露提出要求并加以细化。日本环境省在2000年发布了《环境会计导入准则》，在2001年发布了《环境会计指南》，经济产业省则颁布了《环境管理会计方法手册》。尽管这些建议都只是指导性的，还不具有法律规范的强制性，但对于引导企业有效应用环境管理会计十分重要，也非常有效。最近一项调查显示，在美国，17%有重大环境责任的公司以及

8%没有该项责任的公司都主动提交了各自的环境情况报告。在日本，理光、精工、爱普生、索尼、西友等知名企业都实施了环境管理会计。

（2）税法的内容影响环境管理会计的有关收入、成本、税金等指标的计量。比如，要求会计收益与税法利益严格保持一致的欧洲大陆法系国家，环境管理会计对于收入、成本、利润的确认与计量都必须要考虑法律对环境方面的要求。

我国的法律体系接近于欧洲大陆法系，并且从法律对会计的影响来看，我国的会计传统上是以法规体系作为规范的。由于环境管理会计在我国尚未有明确的法律约束，其信息的输出只是基于管理上的不同需要而采取不同的形式，但是，考虑到我国会计工作习惯于应用法律规范的传统，制定指导性的制度来引导企业应用环境管理会计显得十分必要。至少我们应规定环境管理会计的原则，这对于环境管理会计的推行及创新具有重要的战略意义。

9.3　企业环保意识有待增强

目前我国大多数企业对环境及相关问题的认识还比较表面，仅仅是以遵纪守法为导向，以避免行政上的处罚或不被列入污染大户名单而保持企业的良好形象。企业如果在经营过程中树立起了强烈的环保意识、绿色经营理念，就会选择在产品寿命周期设计、环境成本与收益、环保投资决策、环保性业绩评价等深层次方面的问题进行认真思考并付诸行动。企业推行环境管理体系需付出员工培训费用、宣传费用、采取改进行为费用、聘请认证人员费用、环保设施等成本费用。在较低的经济发展水平的制约下，我国很多企业经济效益不理想，加上企业受利润最大化目标的驱动，根本无暇顾及环境问题，也谈不上对环境管理会计的应用。

环境管理会计是以企业内部管理为对象的，如果企业自身没有考虑环境因素的主动性，环境管理会计就失去了存在的基础。就我国现阶段的情况来看，大多数企业的管理层对于环境管理会计的运用缺乏必要的主动性，他们不是自觉地运用环境管理会计，而是为了避免行政处罚或被列入污染大户的名单导致企业形象被破坏而被动地使用管理会计方法。企业的管理层对应用环境管理会计给企业带来的好处的估计不够，反而对其应用风险顾虑很多。有些高污染、高能耗企业的管理者甚至认为，强调了对环境成本的核算，会把公众的注意力引向他们以前并没有关注的环境影响方面，将给企业带来不必要的麻烦。另外，对上市公司而言，由于股东和董事会并没有给管理层下达环境业绩考核指标，管理层也就不会主动提供这些资料。

由于环境问题的负外部性，企业只有受制于对外报告环境信息的压力，才会充分考虑环境责任，然后采取措施降低其经营对环境的不良影响。因此，政府主管部门应尽快出台与我国国情相适应的环境管理会计应用指南，提出相对完整的环境业绩考核指标，作为企业运用环境管理会计的依据，有力推动环境管理会计向前发展。

9.4　企业会计人员相关知识的限制

要想使环境管理会计得到应用，必须先对财务人员普及管理会计知识。再在管理会计知识基础上，逐步推行环境管理会计应用。环境管理会计系统的设计和运行会给会计师们带来新的挑战，他们认为延续现存的会计系统是既安全又可靠的方法，因此企业会计人员对运用一个新系统缺乏必要的积极性。我国企业很少单独设置管理会计人员，而企业的会计核算人员不重视也无暇顾及管理会计理论的学习和应用。另外，在职的会计人员的业务素质并不高。笔者经过多次调查发现，许多会计人员缺乏基本的管理会计知识，更不用说环境管理会计的知识了。会计人员环境管理会计知识的缺乏也限制了环境管理会计在企业中的应用。

10 国内外环境管理会计信息披露制度

20世纪70年代，第一次环保高潮来临，工业发达国家纷纷对污染严重的企业进行干预和惩罚，环境管理会计在会计实务方面处于萌芽状态。此时，国外部分学者也开始对环境管理会计进行专门的研究，以1971年 F. A. Beam 的《控制污染的社会成本转换研究》和1973年 J. T. Marlin 的《污染的会计问题》为代表，揭开了环境研究的序幕，从此环境会计开始受到人们的关注。而我国开展环境会计的研究起步较晚，直到20世纪80年代末才引进环境管理会计理论，90年代才开始陆续出现环境管理会计方面的研究文章。虽然我国环境管理会计研究进程经历了20多年的发展，但是还没有形成完整的体系，尤其是在环境管理会计信息披露制度方面与欧美、日本等发达国家相比，存在很大差距。

10.1 国外环境管理会计信息披露制度状况

要研究国外环境管理会计信息披露状况，首先要明确两个概念，即"制度"和"环境会计信息披露制度"。所谓"制度"，是指由一系列规则构成的体系，是人类社会各种关系的反映和体现。它有广义和狭义之分。广义的制度是指一个社会为确定人们的相互关系而人为设定的一些约束规则，这些约束规则可以是人们在长期的社会交往中无意识地形成的，主要包括价值观念、伦理规范、道德观念、风俗习惯、意识形态等因素；也可以是人们有意识创造的一系列带有强制性的规则，包括社会规则、政治规则、经济规则等。狭义的制度则是指社会组织机构制定的一系列强制性的规则等。本书所讲的主要是狭义的制度。而环境管理会计信息披露制度则是指对环境造成影响并且须在指定网站或报刊上披露环境活动的财务影响、环境事项对公司发展前景的影响以及环境绩效等方面信息的一种社会制度、规则等。

欧美国家是制定环境会计信息披露制度的先驱，许多欧洲国家明确规定企业在其财务报表中应报告环境事项，而美国在环境信息公开和会计准则制定方面独具特色。日本作为亚洲唯一的世界发达国家，也是目前环境保护工作开展得最好的国家。1999年以后，日本企业环境管理会计成为后起之秀，受到联合国可持续发展开发部调查研究计划第四次会议的充分肯定，成为世界各国环境管理会计的榜样。

10.1.1 美国企业环境管理会计信息披露制度

美国企业环境管理会计信息披露的三大机构分别是：美国财务会计准则委员会（FASB）、美国证监会（SEC）以及美国注册会计师协会（AICPA）（见表10-1）。

表 10-1　美国主要的环境管理会计信息披露制度

名称	颁布时间	来源	涉及的主要内容
SFAS NO. 5	1975 年	FASB	确认和计量包括环境影响因素引起的或有负债事项

表10-1（续）

名称	颁布时间	来源	涉及的主要内容
SFAS NO. 19	1977 年	FASB	石油天然气企业的退出成本的核算（使用成效法的企业）
SEC MD&A 项目	1988 年	SEC	企业的环境成本和环境负债信息在 10K 和年报中进行披露
SAB NO. 9	1993 年	SEC	企业的环境成本和环境负债信息在 10K 和报表附注中进行披露
FRR NO. 36	1989 年	SEC	主要对环境责任方的披露要求进行了规定
SOP96-1	1996 年	AICPA	对环境复原负债的性质和总额在财务报表中进行说明

美国财务会计准则委员会虽然没有制定专门的环境会计准则，但是对环境问题的会计处理仍十分重视。如 FSAB NO. 5《或有负债会计》是美国第一份要求报告环境事项的准则，该准则对包括环境影响因素引起的或有事项的会计确认和计量做了规定；FSAB NO. 19——天然气生产公司的财务会计与报告，规定石油天然气企业在确定费用摊销和资产的折旧率时，要考虑预计的拆除、修复、废弃以及残余价值。

美国证券交易委员会（SEC）对企业环境信息的披露也趋向于全面规范。它主要在 S-K 条例①、S-X 条例②、SAB（Staff Accounting Bulletin）和 FRR（Financial Reporting Release）等文件中对环境事项和环境影响的披露进行了规范。同时 SEC 还要

---

① 《S-K 条例》规定了上市公司非财务信息披露的有关事宜。
② 《S-X 条例》规定了上市公司财务报表的具体格式和内容，并提出附表、附注的具体披露要求。

求公开上市的公司在 10K①"管理者讨论与分析（MD&A）"部分和年度报告中，对企业财务状况产生重大影响的不确定事项，包括环境成本和负债信息进行披露。

美国注册会计师协会（AICPA）也制定了一些关于环境会计信息披露方面的指导意见。如，在 SOP96-1《环境复原负债》中，为了不至于误导财务报表的使用者，企业应该对环境复原负债的性质和总额进行说明。

10.1.2　欧洲国家的环境管理会计信息披露制度

欧洲各国比较重视环境管理会计问题，立法也比较早。许多国家根据欧盟法的指导意见并结合自己国家的实际情况制定了相关规定，从而更有效地对环境管理会计信息进行披露。

荷兰环境部主张强制性的环境管理会计信息披露，规定具有重大环境影响的企业有义务编制环境报告。为了鼓励企业充分披露环境信息，荷兰规定凡是与环境保护措施有关的一切费用，均可从应税收益中扣除。丹麦、瑞典、葡萄牙和法国等国家根据"在年度报表和报告中确认、计量和披露环境事项的建议"修正了各自的会计立法，规定企业需在其财务报表中披露环境事项。瑞士则要求公司需在其年度报告中披露环境信息。挪威也要求所有公司需描述任何具有重大环境影响的行为。德国联邦环境部（BMU）和联邦环境局（UBA）最近已开始强调环境会计在公司中的重要性，要求企业对此进行披露。英国政府环境部在 1997 年 2 月颁布了一份适用于所有企业的文件《环境报告与财务部门：走向良好实务》，鼓励最大的 350 家上市公

---

① "10K"是指公司每年向证监会提交的一个全面总结报告，它包含的细节远大于公司年度报告，它包括诸如公司的历史、组织结构、股权、控股、每股收益等一些细节内容。

司自愿披露它们的"温室气体"排放情况。

10.1.3 日本环境管理会计信息披露制度

日本政府推行企业环境管理会计的主要监督机关是环境省。日本环境省一直积极推广在各企业确立、普及环境管理会计体系的环境政策，为推行企业环境管理会计做了大量的工作，使环境管理会计信息披露机制日趋完善。

日本环境省于 1997 年发布了《关于环境保护成本的把握及公开的原则的规定》，从此引起日本企业对环境管理会计的日益重视，一部分企业陆续公布环境报告书。环境省于 1999 年 3 月公布《有关环保全成本的把握及公开的指南——环境会计的确立（中间报告）》。出台该指南，表明日本环境管理会计框架初步确立，其增强了企业环境管理会计信息披露的可比性和一致性，促进了企业环境管理会计的普及。2000 年 3 月，环境省颁布了《引进环境会计体系指南》，该指南对环境成本的分类以及计量方法做了进一步的补充，对如何以货币和实物等单位来反映环境绩效提出了指导性意见，从而使环境管理会计得到快速普及。环境省于 2001 年 2 月颁布了《环境报告书指南 2000》，详细规定了环境报告书中信息披露的时间、对象和内容；同时还提供了环境信息披露的标准，规范了信息披露的格式，使不同企业间环境管理会计信息具有可比性，从而具有了很强的实践操作性。2005 年 2 月，环境省颁布了《环境会计指南（2005）》，对环境成本按成本特性进行了再分类，对环境绩效重新进行了整理。2007 年 6 月，环境省颁布《环境报告指南（2007）》，这不仅为原先的上市公司和大型企业提供了更为详尽的参考标准，还把参考对象扩大到了中小企业。

10.2 我国的环境管理会计信息披露制度

我国自从把环境保护定为一项基本国策以后，环境保护的立法建章工作进程大大加快，先后颁布了《环境保护法》《大气污染防治法》《水污染防治法》《环境噪声污染防治法》等几十部环保法律法规，但是几乎没有一部涉及环境信息披露问题。

现阶段，对我国企业环境会计信息披露所制定的标准主要有：国家环保局发布的《环境信息公开办法（试行）》《关于加强上市公司环保监督管理工作的指导意见》以及上海证券交易所发布的《上市公司环境信息披露指引》，其具体内容见表10-2。

表10-2 我国企业环境信息披露的主要制度标准

制度名称	颁布时间	披露主体	重点披露内容	披露方式
环境信息公开办法（试行）	2007年	污染物排放超标的企业	企业名称、地址、法定代表人；主要污染物的名称、排放方式、排放浓度和总量、超标、超总量情况；企业环保设施的建设和运行情况；环境污染事故应急预案	在环保部门公布名单后30日内，在所在地主要媒体上公布其环境信息

表10-2(续)

制度名称	颁布时间	披露主体	重点披露内容	披露方式
上海证券交易所上市公司环境信息披露指引	2008年	发生与环境保护相关重大事件,且可能对其股票及衍生品种交易价格产生较大影响的上市公司	披露事件情况及对公司经营以及利益相关者可能产生的影响	自事件发生之日起两日内,在证监会指定报刊及网站上同时披露
		从事火力发电、钢铁、水泥、电解铝、矿产开发等对环境影响较大行业的公司	重点说明公司在环保投资和环境技术开发方面的工作	在公司年度社会责任报告中披露或单独披露
		被列入环保部门污染严重企业名单的上市公司	污染物的名称、排放方式、排放浓度和总量、超标、超总量情况;环保设施的建设和运行情况;环境污染事故应急预案;减少污染物排放所采取的措施及今后的工作安排	自发生之日起两日内在上海证券交易所网站、证监会指定报刊或网站上同时披露
关于加强上市公司环保监督管理工作的指导意见	2008年	发生可能对证券及其衍生品种交易价格产生较大影响且与环境保护相关的重大事件的上市公司	说明事件的起因、目前的状态以及可能产生的影响	应当立即披露

从表10-2中可以看出,《关于加强上市公司环保监督管理工作的指导意见》和上海证券交易所《上市公司环境信息披露指引》都对发生重大事件的上市公司的环境信息披露情况做了规定,但是上海证券交易所《上市公司环境信息披露指引》要求披露的内容更全面、时效性更强。它规定的企业披露情形更全面,并且对被列入环保部门污染严重企业名单的上市公司,强调其应当在环保部门公布名单后两日内披露相关信息。

10.3 我国与国外环境管理会计信息披露制度的比较

从上述表述可以看出，各国（地区）基本都有自己的一套环境管理会计信息披露制度，现从几个具体的项目进行比较分析，见表10-3。

表 10-3 各国（地区）环境管理会计信息披露制度比较

比较项目	美国	欧盟	日本	中国
法规制度数量	30 多部环境法规，上千个环境保护条例	近 400 项指令、条例、决定和建议	700 余种环境法律、法规和指令	环境保护法律 7 部，相关法规 20 多部
细度、深度、广度等	最早进行环境会计信息披露的西方国家之一，对企业环境会计信息的披露做了具体规定并且趋向于全面规范	环境信息披露的历史悠久，但发展缓慢。直到20世纪80年代末90年代初企业环境报告才得到推广。	第一个制定专门的环境管理会计准则的国家，对企业环境管理会计信息披露的内容、格式等做了详细说明	环境管理会计研究较晚，环境管理会计信息披露制度较少且不完善
披露方式	以公司发布的单独的环境报告为主	主要是环境报告和资产负债表、利润表及其附注	主要是独立的环境报告书	上海证券交易所网站、证监会指定报刊或网站、公司年度社会责任报告
强制自愿	强制披露	强制与自愿相结合	政府主导，企业自愿披露	只对部分污染严重企业实行强制披露要求
环境管理会计信息披露内容	以环境政策、环境成本和环境负债为主	以环境成本和环境负债为主	以环境成本和环境绩效为主	对环境保护方针、政策等披露较多，环境管理会计信息披露较少
代表性机构	美国联邦环保署（EPA）、美国财务会计准则委员会（FASB）、美国证券交易委员会（SEC）	欧盟、英国注册会计师协会(ACCA)	日本环境省、日本公认会计师协会	国家环保局、中国证监会、财政部会计准则执行部门

表10-3(续)

比较项目	美国	欧盟	日本	中国
实施效果	政府信息公开制度与 TRI 强制性报告制度的结合，促使企业能够较为全面及时地披露自身的环境管理会计信息。	欧洲的环境管理会计也得到了广泛的实行。尤其是在欧洲一些非政府组织如欧洲会计师联盟（FEE）的推动下，各类环境信息披露项目开展得如火如荼，发展十分迅速。	明确规定了企业所应当承担的环境责任，设置了企业环境信息披露底线，从而使企业不能肆意妄为，自觉遵守法规条例，促进企业自愿披露的积极性。	只有部分污染严重的企业被强制进行环境管理会计信息披露，企业自愿披露的积极性不高

从环境法规数量方面来看，我国与发达国家相差甚远，环保法规体系不健全，致使我国在环境管理会计研究方面比较落后。

从环境管理会计信息的披露方式来看，我国的披露方式较多，比较杂乱，致使外部投资者、管理者以及债务人等无法清晰明确地找出企业披露的环境管理会计信息，挫伤了他们投资管理的积极性。

从环境管理会计信息的披露内容来看，我国企业大多披露一些环境管理方针政策，对于环境管理会计信息的披露较少，这主要是因为制度性标准不完善，没有明确指出应该披露哪些环境管理会计信息。另一个原因是我国的环境指标量化技术还比较差，从而阻碍了企业环境管理会计信息的披露。

从强制还是自愿披露来看，我国法规只要求污染严重的企业进行环境管理会计信息披露，至于哪些企业属于重污染企业，并没有明确规定，致使一些应当披露环境管理会计信息的企业没有进行披露，损害了公众的利益。

总之，与其他发达国家（地区）相比，我国的企业环境管理会计信息披露制度尚不健全，企业环境管理会计信息披露所遵循的制度性标准太少并且环境信息公开的内容、方式也不够统一。只是要求部分污染严重的企业进行环境信息披露，企业的覆盖面较为狭窄，没有形成完整的环境管理会计制度，企业内部也没有建立环境管理会计体系，需借鉴他国的经验来进一步完善我国的制度建设。

10.4 国外环境管理会计信息披露制度对我国的启示

10.4.1 加快我国的环境法规建设，加大环境执法力度

在发达国家，生态环境部门充分发挥了政府职能的作用。我国应借助于法律、经济手段，以立法的形式对企业污染物的处理及排放进行强制性的管制；用补贴、征税、收费和排放权交易制度等形式对企业污染物处理进行间接管制。通过加大环境执法和惩处力度，引导企业自愿进行环境保护和环境管理会计信息披露。

10.4.2 尽快制定环境管理会计准则和信息披露制度

我国应积极借鉴发达国家已有的研究成果，结合我国的实际情况，政府职能部门应在现有会计准则的基础上，加快环境管理会计准则的制定。可以在日常核算的基础上，通过编制环境管理会计报告来反映企业履行社会责任的情况。可以通过设置一定的会计科目来进行业务核算，如"环境收益""环境成本""环境资产""环境负债"等。规范企业的环境管理会计信息披露方式，环境管理会计的信息通过环境报告书向投资人和社会披露，满足利益相关者的信息需求。

11 推进环境管理会计研究及应用的建议

近年来我国政府增加了环境保护方面的考虑。自中国共产党十五大报告提出实施可持续发展战略以来，十六大、十七大、十八大均把资源环境问题列为重点关切的问题。中国共产党十八届三中全会决议也指出，今后将紧紧围绕建设美丽中国深化生态文明改革，加快建立生态文明制度、生态环境保护的机制。

11.1 国家层面应重视绿色 GDP

国家支持研究，地方实践也逐步重视环境因素。例如，近几年国家自然基金和社会科学基金在立项方面产生了多项有关"绿色 GDP、环境保护、生态补偿"等话题的资助项目；2004年3月国家环保总局（现生态环境部）和国家统计局启动"绿色 GDP 纳入干部考核"项目。2004年，中国环境规划院和中国人民大学等单位的专家组成的技术组曾经对全国 31 个省（市、自治区）和 42 个部门的环境污染实物量、虚拟治理成本、环境退化成本进行了统计分析。① 2013 年，湖南省在长沙、株洲、湘潭以及其下辖县（市、区）全面试行绿色 GDP 评价体系，把评价指标纳入该省绩效考核实施考评；湖南省已经初步制定了《绿色 GDP 评价指标体系》。绿色 GDP 评价指标体系就是在现有的 GDP 核算中融入资源、环境因素，将经济增长与资源节约、环境保护综合考评，并对各个市（州）的经济发展、资源消耗和环境生态指数进行打分、排名、发布，对官员的考核出现了环境考核指标。② 2013 年 11 月 12 日，中国共产党十八届三中全会通过的《中共中央关于全面深化改革若干重大问题的决定》在"加强生态文明制度建设"部分提出了"探索编制自然资源资产负债表，对领导干部实行自然资源资产离任审计，建立生态环境损害责任终身追究制"③，离任将进行环境离任审计。

除了国家层面的政治措施外，也应该开展宣传、普及环境知识的活动，提高全社会的环境保护意识。这样将有利于投资者、消费者以及广大社会公众做出投资决策和消费决策，能促使企业管理层加强环境成本核算，有利于做好环境信息的披露工作，最终实现环境友好型社会。

---

① 马力. 绿色 GDP 纳入干部考核 环保局中组部等加强合作 [N]. 新京报，2006-09-08.

② 王尔德. 湖南将率先在全国试行绿色 GDP 指标考核体系 [N]. 21 世纪经济报道（广州），2012-07-18.

③ 鲍小东. 民间智库七年研究成果难觅试点城市——党政"一把手"环境考核：难上加难 [J]. 南方周末，2013-8-15.

11.2　完善环境管理法律并严格执行，尽快制定环境管理会计准则

我国目前面临着史上最严重的环境方面的挑战，各方面正在积极应对这种挑战。资料显示，政府已经颁发了 20 个重要的环保法律以及数万条指令。环境法治建设方面相继颁布了《环境保护法》《大气污染防治法》等一系列法律法规并建立了多项环境法律制度。总体上来讲，我国已经建立了比较完善的环境法律法规体系。在环境保护标准方面，我国现行有效的国家环境保护标准数量达到了 1 598 项，初步形成了国家级标准和地方级准标，内容上包括环境质量标准、污染物排放标准、环境监测标准、管理规范类标准和环境基础类五类标准体系。法规标准要发挥作用，必须依赖于严格执行。山东省在严格执行环保标准方面取得了较好成绩。资料显示，自 2003 年起，山东首先从污染最为严重的造纸行业入手，实施了《山东省造纸工业水污染物排放标准》。十年间，在保持经济快速增长的背景下，山东省水环境质量连续十年明显改善；山东省公安机关共侦办破坏生态环境案件 990 起，其中环境污染类刑事案件 601 起，环境资源类案件 389 起，抓获违法犯罪人员 1 581 人，其中刑事拘留 1 103 人，批准逮捕 349 人，行政拘留 96 人。相信在不久的将来，我国各地都能严格执行环境法规，环境一定会得到明显改善。

环境管理会计要想为管理层提供及时的、相关的信息，取得预期的效果，除了要有科学的信息整理、分析的方法之外，很大程度上取决于会计核算报告体系的规范以及会计信息的质量。这就要求有环境管理会计准则和制度来规范与环境有关的会计

信息的确认、计量、记录和报告。我国的会计制度建设一直在和国际接轨并且取得了巨大的进展。2006 年 2 月，财政部出台了 38 项具体会计准则；2010 年 4 月，财政部发布了《中国企业会计准则与国际财务报告准则持续趋同路线图》，表达了我国与国际财务报告准则持续趋同的原则立场和明确态度。随着多项会计准则修订意见稿的陆续发布，中国会计准则已经有 95% 以上实现了与国际财务报告准则（IFRS）的趋同。2014 年伊始，财政部就发布了五项会计准则、一项准则解释和两项征求意见稿，这是继 2012 年会计准则修订之后规模最大的一次调整。尽管如此，我国的会计准则体系中仍然没有关于环境管理会计的规定。相关准则的缺失，使得环境管理会计的应用成了无本之木、无源之水。所以，制定环境管理会计准则是保证环境管理会计有效实行的首要条件和基本条件。

11.3 激励企业建立绿色企业文化

企业文化是一个企业在长期的经营实践中凝结起来的一种文化氛围、企业精神、经营理念，并体现在企业全体员工所共有的价值观念、道德规范和行为方式上。绿色企业文化由外层企业物质文化、中层企业制度文化、内层企业精神文化组成。树立绿色价值观首先要树立企业是经济人、社会人、生态人的统一体的绿色价值观。企业价值观是经营活动的指导思想，是企业适应市场环境，为求得生存和发展而在长期的管理实践中由企业的经营者倡导并为企业的员工所认同的一系列理念。企业价值观是现代企业文化的核心，在绿色文明时代来临之际，树立绿色价值观即将环保作为企业生存发展的基础之一，是企业推行绿色管理的关键。只有将绿色经营理念导入企业的核心价值观教育，引导鼓励员工把企业的发展与生态保护及全社会的共同发展相协调，才能为企业实施绿色管理提供坚实的精神支持，使绿色管理成为员工的自觉行动。

绿色企业文化强调企业对环境和社会的责任。优美的、清洁的环境是人类的需要之一。随着社会的发展，改善人类生存环境、提高健康水平成为人类关注的重大问题。企业要正视环境问题，关注人类对环境质量的需要，将其贯彻到企业的整个经营活动中去。绿色企业文化要求企业将供应链扩展到消费者。企业有责任为社会提供安全、健康、无害的产品，产品在消费过程中和被消费之后对环境不造成影响。只有把短期经济利益和长远环境利益、把局部利益和全局利益统一起来，企业才会实现永续经营。

11.4 多渠道培养环境管理会计人才，推行环境管理会计师职业认证

环境管理会计是一个多学科交叉的复杂领域，涉及会计学、管理学、环境科学、环境经济学等多种学科。而我国企业目前的状况是：环境工程师熟悉企业面临的环境问题，但是不知道如何通过会计语言来表达其对企业财务状况和经营成果的影响，不能整理成企业管理所需要的财务信息；而会计人员知道如何提供财务方面的信息，但找不到所要反映的环境对象。同时具备会计和环境管理两个领域专业知识的人才，将会是环境管理会计系统有效实行的关键因素。企业领导应重视财务部门参与决策与管理的作用，建立促进运用管理会计新方法的激励机制，调动财务部门人员学习和运用管理会计知识和方法的积极性；政府管理部门应该重视对企业负责人进行环境管理会计相关知

识的培训与宣传，促使其树立环境责任意识，并积极推动管理会计人员参与环境管理会计实践创新。

目前，环境管理会计人才较为紧缺。如何解决？笔者建议：可以在学校设置环境管理会计专业、开设环境管理会计课程和专题；对于在职人员，加大管理会计继续教育学时要求；也可以采取职业机构进行远程培训的形式，多渠道培养环境管理型的会计人才，并设立相应的环境管理会计师认证机构，结合类似于 CPA 考试的形式推行管理会计师职业化。可喜的是，现在部分企业迫切需要环境管理规划师、环境（能源）审计师，如果能在现有职业知识基础上加入会计化的内容，肯定会为企业实施环境管理经营提供更优质的决策信息。

11.5　重视环境管理会计理论应用研究

会计管理部门和相关协会应该加大对管理会计理论和实务研究的投入，鼓励企业会计从业人员和高校教师联合开展具体研究，促进理论指导实践和实践为理论提供案例支持的良性研究机制。我国对环境管理会计理论的研究及其在实践中的运用的研究都不足，还处于探索阶段。

各个高校、科研机构在研究过程中，需要将环境管理会计理论研究与环境管理会计实践结合起来。从国外环境管理会计推广的经验可以看出，案例研究是一种比较好的研究方式。可以先选择一些有代表性的环境敏感行业如石油、化工、电力、冶炼、造纸等企业进行案例研究，进而提出在我国当前国情下可供同行业选择的应用方法，争取在环境管理会计理论研究上取得突破。

总而言之，应通过介绍国外环境管理会计产生的情况和发展的经验，结合我国的实际情况，探讨如何借鉴国际经验。经验显示，要使环境管理会计能够尽快地完善起来，形成健全的学科体系，仅仅依靠单方面的力量是绝对不够的，必须从多方面努力。因此，我国环保部门、财政部门、企业管理部门、各科研院所及高校、行业协会等部门要加强合作、沟通，形成一股强大的合力来推动环境管理会计的发展。遗憾的是，本项研究理论上可以说比较顺利，但在发放问卷和回收方面不尽理想，企业样本数量偏少，不能代表泰安市整体企业状况。环境管理会计方法运用必须依赖于管理会计方法的普及和使用。从运用基础和环境来讲，环境管理会计对于经济不是特别发达的泰安市而言有些超前。本人下一步的研究欲寻求愿意开展管理会计的企业合作，继续深入企业实地进行管理会计的推广应用研究。

参考文献

[1] ANDREAS ZIEGLER. The effect of environmental and social performance on the stock performance of European corporations [J]. Environ Resource Econ, 2007 (37): 661-680.

[2] A SALAMA. Does community and environmental responsibility affect firm risk? Evidence from UK, panel data 1994- 2006 [J]. Business Ethics: A European Review, Volume 20, Number 2, April 2011.

[3] ABRAHAM LIOUI. Environmental corporate social responsibility and financial performance: Disentangling direct and indirect effects [J]. Ecological Economics, 2012 (78): 100-111.

[4] ALCIATORE et al. Changes in Environmental Regulation and Reporting: The Case of the Petroleum Industry from 1989 to 1998 [J]. Journal of Accounting and Public Policy, 2004: 295-304.

[5] A BALL. Environmental accounting as workplace activism [J]. Critical Perspectives on Accounting, 2007 (18): 759-778.

[6] B VON BAHR, O J HANSEN, M VOLD, etc. Experiences of environmental performance evaluation in the cement industry [J]. Journal of Cleaner Production, 2003 (11): 713-725.

[7] P CHRISTMANN. Effects of "best practices" of environmental management on cost advantage-The role of complementary as-

sets [J]. Academy of Management Journal, 2000, 4 (43): 663-680.

[8] CHARLES J CORBETT, JEH - NAN PAN. Evaluating Environmental Performance Using Statistical Process Control Techniques [J]. European Journal of Operational Research, 2002 (139): 68-83.

[9] COASE: The Problem of Social Cost [J]. Journal of Law and Economics, 1960.

[10] CIAC. Task of Force Environment Stewardship [J]. Management Accountability and the Role of Chartered Accountants, 1993 (9): 67.

[11] K DAVIS. Can business afford to ignore corporate social responsibilities [J]. California Management Review, 1960, 2 (3): 70-76.

[12] L W DAVIS, E MUEHLEGGER. Do Americans consume too little natural gas? An empirical test of marginal cost pricing [J]. The RAND Journal of Economics, 2010 (41): 791-810.

[13] DAVID BEN-ARIEL, LI QIAN. Activity-based Costing Management for Design and Development [J]. Nits Production Economics, 2008 (5): 25-32.

[14] DANIEL TYTECA. On the Measurement of the Environmental Performance of Firms—A Literature Review and a Productive Efficiency Perspective [J]. Journal of Environmental Management, 1996 (46): 281-308.

[15] DITZ DARYL, RANGANATHAN JANET. Global Development on Environmental Performance Indicator [J]. Corporate Environmental Strategy, 1998, 5 (3): 47-52.

[16] EVA HORVATHOVA. The impact of environmental per-

formance on firm performance: Shortterm costs and longterm benefits?
[J]. Ecological Economics, 2012 (84): 91-97.

[17] EDDY ARDINAELS, FILIP ROODHOOFT. The Value of
Activity-based Costing in Competitive Pricing Decisions [J]. Journal
of Accounting Research, 2004 (16): 133-148.

[18] EPA. An Introduction to Environmental Accounting as a
Business Management Tool: Key Concepts and Terms [J]. Washing-
ton DC, USEPA Office of Pollution Prevention and Toxics, 1995
(4): 9.

[19] P D EAGAN, E JOEES. Development of a facility-based
environmental performance indicator related to sustainable develop-
ment [J]. Journal of Cleaner Product, 1997, 5 (4): 269-278.

[20] G FILBECK, R F GORMAN. The relationship between
the environmental and financial performance of public utilities [J].
Environmental and Resource Economics, 2004 (29): 137-157.

[21] J GEORGE. Staubus, Activity Costing and Input Output
Accounting [J]. Rechard D Irwin INC., 1971 (5): 12-15.

[22] R GWYNNE, K JAN. Reducing operational and product
costs through environment accounting [J]. Environment Quality Man-
agement, 2003 (9): 87-90.

[23] HANNES SCHWAIGER, ANDREAS TUERK. The future
European Emission Trading Scheme and its impact on biomass use
[J]. Biomass and Bioenergy, 2012 (38).

[24] S L HART. A natural-resource-based view of the firm
[J]. Academy of Management Review, 1995, 4 (20): 986-1014.

[25] HIROKI IWATA, KEISUKE OKADA. How does environ-
mental performance affect financial performance? Evidence from Japa-
nese manufacturingfirms [J]. Ecological Economics, 2011 (70):

1691-1700.

[26] INTERNATIONAL CHAMBER OF COMMERCE. An ICC Guide to Ef-fective Environmental Auditing [M]. ICC Publishing, Paris: 1991.

[27] ISO1403L Environmental Management Performance Evalua -tion Guidelines [S]. 1998.

[28] INTOSAI. Working Group on Environmental Auditing [R]. Environmental Audit and Regular Auditing, 2004.

[29] INTERNATIONAL STANDARD ORGANIZATION. Environmental Management System. ISO14001, 1995.

[30] INTERNATIONAL STANDARD ORGANIZATION. Environmental Performance Evaluation. ISO/DIS14031, 1998.

[31] INTERNATIONAL STANDARD ORGANIZATION. Environmental Performance Evaluation. ISO14030, 1998.

[32] JASCH CHRISTINE. The Use of Environmental Management Accounting (EMA) for Identifying Environmental Costs [J]. Journal of Cleaner Production, 2003 (11): 667-676.

[33] JOHAN THORESEN. Environmental performance evaluation—a tool for industrial improvement. Journal of Cleaner Production, 1999 (7): 365-370.

[34] JERONIMO DE BURGOS, J JIMENEZ JOSE, CES-PEDES LORENTE. Environmental Performance as an Operations Objective [J]. International Journal of Operations and Productin Management, 2001, 21 (12): 1553-1573.

[35] M KIJIMA, A MAEDA, K NISHIDA. Equilibrium pricing of contingent claims in tradable permit markets [J]. The Journal of Fu-tures Markets, 2010 (30): 559-589.

[36] KHALED ELSAYED, DAVID PATON. The impact of

environmental performance on firm performance: static and dynamic panel data evidence [J]. Structural Change and Economic Dynamics, 2005 (16): 395-412.

[37] KENT WALKER. The Harm of Symbolic Actions and Green-Washing: Corporate Actions and Communications on Environmental Performance and Their Financial Implications [J]. Bus Ethics, 2012 (109): 227-242.

[38] KATHLEEN B NELSON. The Application of Activity-Based Costing to a Support Kitchen in a Las Vegas Casino [J]. International Journal of Contemporary Hospitality Management, 2010 (7): 1033-1047.

[39] L LOHMANN. Toward a different debate in environmental ac-counting: The cases of carbon and cost-benefit [J]. Accounting, Organizations and Society, 2009 (34): 499-534.

[40] W D MONTGOMERY. Markets in licenses and efficient pollution control programs [J]. Journal of Economic Theory, 1972 (5): 395-418.

[41] P METE, C DICK, L MOERMAN. Creating institutional meaning: Accounting and taxation law perspectives of carbon permits [J]. Critical Perspectives on Accounting, 2010 (21): 619-630.

[42] D MOORE. Structuration Theory: The contribution of Norman Macintosh and its application to emissions trading [J]. Critical Perspectives on Accounting, 2010 (6): 1-16.

[43] MARKUS WRAKE, DALLAS BURTRAW. What have We Learnt from the European Union's Emissions Trading System [J]. AMBIO: A Journal of the Human Environment, 2012 (41).

[44] D MARIA, LOPEZ-GAMERO. The whole relationship between environmental variables and firm performance: Competitive ad-

vantageandfirm resources as mediator variables [J]. Journal of Environmental Management, 2009 (90): 3110-3121.

[45] MALMI. Activity-based Costing diffusion across organizations: an exploratory empirical analysis of Finish firms [J]. Accounting, Organizations and Society, 1999 (24): 649-672.

[46] MATTE SEAMAN, PETRE SOMAFIA, JARI PARLANCE. Product Profitability Cause and Effects [J]. Industrial Marketing Management, 2009 (9): 133-135.

[47] M E PORTER, L C VANDER. Green and Competitive: Ending the Stalemate [J]. Harvard Business Review, 1995, 73 (5): 120-134.

[48] PAUL A SAMUELSON, WILLIAM D NORDHAUS. Micro -economics [M]. Sixteenth Edition. USA: McGraw-Hill, Inc., 1998: 2.

[49] RAFFISH, TURNEY. Common cents: the ABC performance breakthrough [J]. Cost Technology, 1990.

[50] ROBIN COOPER, ROBERT KAPLAN. Measure Cost Right: Make the Right Decisions [J]. Havrard Business Review, 1988 (10): 96-102.

[51] J F SOLOMON, I THOMSON, SATANIC MILLS. An illustration of Victorian external environmental accounting [J]. Accounting Forum, 2009 (33): 74-87.

[52] S STEFAN, R L BURRITT. Sustainability accounting for companies: Catchphrase or decision support for business leaders? [J]. Journal of World Business, 2010 (45): 375-384.

[53] O SHELDON. The philosophy of management [M]. USA: Arno Press, 1979.

[54] N STERN. The Economics of Climate Change: Stern Re-

view [M]. Cambridge, UK: Cambridge University Press, 2006.

[55] SHAMEEK KONAR, MARK A COHEN. Does the Market Value Environmental Performance? [J]. The Review of Economics and Statistics, May 2001, 83 (2): 281-289.

[56] SPOMAR JR JOHN. Environmental Accounting 101 [J]. American Drycleaner, Oct 2003, 70 (7): 62-64.

[57] US ENVIRONMENTAL PROTECTION AGENCY. Environmental and its program design guidelines for federal agencies [S]. 1997: 8-12.

[58] UNDP. What Are Public-Private Partnerships? UN-DP Working Paper [R]. Cited June 23, 2002. Available at: http: // www. undp. org/ppp.

[59] USEPA. An Introduction to Environmental Accounting as a Business Management Tool: Key Concepts and Terms [J]. Washington DC, USEPA Office of Pollution Prevention and Toxics, 1995 (4): 9-11.

[60] N WALLY, B WHITEHEAD. It's not easy being green [J]. Harvard Business Review, 1994 (May-June): 46-52.

[61] M WAGNER. How to reconcile environmental and economic performance to improve corporate sustainability: corporate environmental strategies in the European paper industry [J]. Journal of Environ-mental Management, 2005 (76): 105-118.

[62] WORLD BANK. Five Years after Rio: Innovation in Environmental Policy [R]. Environmentally Sustainable Development Studies and Monograph Series No. 18, Washington DC, 1997.

[63] XIN REN. Development of environmental performance indicators for textileprocess and product [J]. Journal of Cleaner Production, 2000 (8): 473-481.

［64］安晓红. 我国环境管理会计发展的环境约束及对策［J］. 石家庄经济学院学报，2006（8）.

［65］白杨. 我国上市公司碳会计信息披露影响因素研究［D］. 北京：中国地质大学，2013.

［66］薄路美. 上市公司环境会计信息披露影响因素的研究［D］. 沈阳：辽宁大学，2013.

［67］仓萍萍，杨德利. 环境成本核算研究综述［J］. 财会通讯，2008（6）.

［68］曹惠民，周月华. 我国造纸企业环境成本资本化与费用化选择标准［J］. 会计之友（上旬刊），2008（10）：16-18.

［69］曹建新，詹长杰. 我国环境绩效审计评价体系的构建［J］. 商业会计（上半月），2009（16）：12-13

［70］崔澜. 关于低碳经济的环境会计研究［J］. 财会研究，2012（22）：30-46.

［71］崔睿，李延勇. 企业环境管理与财务绩效相关性研究［J］. 山东社会科学，2011（7）：169-171.

［72］蔡春，谢赞春，陈晓媛. 探索效益审计与环境审计发展的新路子［J］. 会计之友，2007（10）：89-90.

［73］车萍. 环境会计信息披露研究——以山西煤炭企业为例［D］. 太原：山西财经大学，2013.

［74］陈煦江. 环境管理会计理论结构与应用方法探索［J］. 财会通讯，2004（9）：54-57.

［75］陈璇，淳伟德. 环境绩效、环境信息披露与经济绩效相关性研究综述［J］. 软科学，2010（6）：137-140.

［76］陈正兴. 环境审计［M］. 北京：中国审计出版社，2001.

［77］陈希晖，邢祥娟. 论环境绩效审计［J］. 生态经济，2005（12）：87-90.

[78] 陈静. 企业环境绩效评估体系研究——以上海市典型企业为例 [D]. 上海：华东师范大学, 2006.

[79] 陈钰泓. 环境绩效审计问题研究 [D]. 成都：西南财经大学, 2006.

[80] 陈君. 论促进环境保护投资发展的财政政策 [J]. 财政研究, 2002 (9)：52-53.

[81] 陈煦江, 秦冬梅. 环境损失的计量方法构架初探 [J]. 财会月刊, 2003 (8)：13.

[82] 陈流圭. 环境会计和报告的第一份国际指南 [J]. 会计研究, 1998 (5).

[83] 陈建华, 谢京华. 关于环境成本研究的综述 [J]. 时代金融, 2013 (35)：316-320.

[84] 陈亮, 潘文粹. 作业成本法在环境成本核算中的应用 [J]. 辽宁工程技术大学学报, 2010 (1)：40-42.

[85] 迟楠. 先动型绿色战略选择与企业绩效关系的研究 [D]. 上海：上海交通大学, 2013.

[86] 豆旺. 石油企业社会责任公益化改革探讨 [J]. 企业改革与管理, 2014 (5)：140-141.

[87] 戴悦华, 楚慧. 以环境产权为核心, 重构企业环境会计信息披露模式 [J]. 财会月刊, 2012 (12)：17-20.

[88] 邓明君, 罗文兵. 日本环境管理会计研究新进展——物质流成本会计指南内容及其启示 [J]. 华东经济管理, 2010, 24 (2)：90-94.

[89] 邓丽. 环境信息披露、环境绩效与经济绩效相关性的研究——基于联立方程的实证分析 [D]. 重庆：重庆大学, 2007.

[90] 党晓峰. 作业成本法核算人才培养体系创建研究——基于广西规模以上工业企业成本管理需要 [J]. 贺州学院学报,

2013（1）：105-108.

［91］丁艳秀. 企业环境绩效审计评价指标体系研究［J］.中国乡镇企业会计，2009（5）：101-102.

［92］邓亚琼. 作业成本管理在火力发电企业的应用研究［D］. 长沙：长沙理工大学，2009.

［93］付瑶. 环境管理、环境绩效和财务绩效的相关性研究［D］. 上海：华东交通大学，2011.

［94］范海宁. 作业成本法在制造型企业的应用研究［J］.现代营销（学苑版），2012（7）：170-171.

［95］范姝娴. 环境成本——一项不可忽视的经济决策要素［J］. 生态经济，2005（7）：67-69.

［96］方刚. 环境成本计量的文献综述［J］. 经济研究导刊，2014（6）：286-288.

［97］傅奇蕾. ABC成本法下的企业环境成本控制［J］. 商业会计，2011（28）：7-8.

［98］冯品. 我国环境绩效审计研究现状综述与展望［J］.财会通讯，2012（36）：31-33.

［99］谷增军. 作业成本法在煤炭企业中的应用［J］. 财会通讯，2012（26）：121-123.

［100］郭道扬. 绿色成本控制初探［J］. 财会月刊，1997（5）：3-7.

［101］郭晓梅. 环境管理会计［D］. 厦门：厦门大学，2001.

［102］郭晓梅. 环境管理会计研究：将环境因素纳入管理决策［M］. 厦门：厦门大学出版社，2003.

［103］耿建新，曹光亮. 论生态会计概念［J］. 财会月刊，2007（2）.

［104］耿建新，焦若静，刘莉. 上市公司环境会计信息披

露初探（续）[J]．世界环境，2002（1）：34-37.

［105］葛雪．企业内部环境绩效审计［D］．兰州：兰州商学院，2008.

［106］顾晓敏，封晔．中美日环境会计信息披露差异研究［J］．经济经纬，2006（3）：69-71.

［107］励向南．中国企业环境信息披露制度初探［D］．上海：复旦大学，2009.

［108］工家庭．企业投资决策方法比较：实物期权法与净现值法［J］．华侨大学学报，2004（2）.

［109］贺瑞．关于加强化工企业环境成本控制的思考［J］．化工管理，2014（3）：13.

［110］黄霞．环境会计准则下企业环境绩效评价研究［D］．成都：成都理工大学，2011.

［111］邱玉莲，余琪．低碳经济下对我国企业环境会计的思考［J］．会计之友，2012（1）：21-22.

［112］哈罗德·孔茨．管理学［M］．张晓君，译．北京：经济科学出版社，1998.

［113］槐波娟．浅析公司治理对公司社会责任的影响［J］．商，2014（8）：29.

［114］胡曲应．上市公司环境绩效与财务绩效的相关性研究［J］．中国人口·资源与环境，2012（6）：23-31.

［115］胡颖森．刍议企业环境成本的核算与控制［J］．财会月刊，2010（8）：44-46.

［116］黄和平，等．基于生态效率的资源环境绩效动态评估——以江西省为例［J］．资源科学，2010（5）.

［117］胡玉明．管理会计研究［M］．北京：机械工业出版社，2008.

［118］何松彪，王芳．油田企业环境业绩的评价［J］．油气

田地面工程, 2007, 26 (7): 4-5.

[119] 黄泉川. 我国环境保护资金供需矛盾及投融资机制创新研究 [D]. 西安: 西安理工大学, 2007.

[120] 金笑梅. 我国企业环境会计信息披露研究 [D]. 西安: 长安大学, 2012.

[121] 蒋洪强, 曹东. 新形势下中国环境保护投资模式 [J]. 中国科技论坛, 2004 (3): 26-30.

[122] 蒋兆才. 论促进我国环境保护的财政政策 [J]. 集团经济研究, 2007 (35): 54-55.

[123] 荆新, 王化成. 财务管理学 [M]. 北京: 中国人民大学出版社, 2013.

[124] 焦若静. 美国、日本两国企业对环境信息的披露 [J]. 世界环境, 2003 (3): 42-44.

[125] 蒋洪强, 刘正广, 曹国志. 绿色证券 [M]. 北京: 中国环境科学出版社, 2011: 30.

[126] 蒋欣. 基于平衡计分卡的企业环境绩效评价 [D]. 厦门: 厦门大学, 2009.

[127] 贾研研. 环境绩效评价指标体系初探 [J]. 重庆工学院学报, 2004, 18 (2): 74-76.

[128] 焦俊, 李垣. 基于联盟的企业绿色战略导向与绿色创新 [J]. 研究与发展管理, 2011 (1): 84-89.

[129] 颉茂华, 刘向伟, 白牡丹. 环保投资效率实证与政策建议 [J]. 中国人口·资源与环境, 2010 (4): 100-105.

[130] 颉茂华, 刘冬梅, 贾建楠. 影响环境会计实施的因素分析 [J]. 金融教学与研究, 2011 (6).

[131] 颉茂华, 王珉, 胡伟娟. 环境管理会计研究: 综述、评价与思考 [J]. 中国人口·资源与环境, 2010, 20 (3): 292 -294.

［132］康均，焦西丹. 我国环境会计研究的现状与特点［J］. 会计之友，2012（6）：10-13.

［133］冷芳. 低碳经济下对环境会计的几点思考［J］. 财政监督，2013（1）：49-50.

［134］卢代富. 企业社会责任的经济学与法学分析［M］. 北京：法律出版社，2002.

［135］厉以宁. 保险业不适合切块上市［EB/OL］. 在线理财，2002. http：//www. tisin. com.

［136］厉以宁，章铮. 环境经济学［M］. 北京：中国计划出版社，1995.

［137］鲁焕生，高洪贵. 中国环保投资的现状及分析［J］. 中南财经政法大学学报，2004（6）：87-90.

［138］逯元堂，吴舜泽，陈鹏，朱建华. "十一五"环境保护投资评估［J］. 中国人口·资源与环境，2012（10）：43-47.

［139］李永臣，耿建新. 企业环境会计研究［M］. 北京：中国人民大学出版社，2005：66-68.

［140］李秉祥. 基于 ABC 的企业环境成本控制体系研究［J］. 当代经济管理，2005（3）：76-80.

［141］李振湖. 作业成本法在销售费用管理中的应用［J］. 财会通讯，2014（14）：99-100.

［142］李文川，卢勇，张群祥. 西方企业社会责任研究对我国的启示［J］. 改革与战略，2007（2）：109.

［143］李月. 环境会计研究的必要性分析［J］. 商业经济，2013（2）：101-106.

［144］李辉. 论酒店环境伦理建设［D］. 沈阳：沈阳师范大学，2008.

［145］李超. 企业积极的环境战略对其经济绩效的影响研究——基于环境信息披露的视角［D］. 上海：上海交通大学，

2013.

[146] 李惠敏，贾文军，杨美丽．基于作业成本法的环境成本研究综述［J］．新会计，2015（6）：19-23．

[147] 李惠敏，杨美丽．基于经济学角度的企业环境成本内部化分析［J］．商业会计，2015（13）：55-58．

[148] 李然．作业成本法在我国制造业的应用现状分析［J］．财会研究，2010（4）：50-51．

[149] 李云．国内外环境成本控制研究现状综述［J］．现代经济信息，2014（5）：203．

[150] 李苏，邱国玉．环境绩效的数据包络分析方法——基于我国钢铁行业的分析研究［J］．生态经济，2013（2）．

[151] 李永臣．环境审计理论与实务研究［M］．北京：化学工业出版社，2007：4-13

[152] 李雪，杨智慧，等．环境审计研究：回顾与评价［J］．审计研究，2002（4）．

[153] 李玲．环境成本的分类与会计核算试探［J］．财会月刊，2004（3）．

[154] 刘源．基于产品生命周期的企业环境成本管理问题探讨［J］．财会通讯，2014（2）．

[155] 刘希宋，杜丹丽．实施作业成本法的关键——作业成本核算［J］．商业研究，2004（13）：35-38．

[156] 刘绍枫．煤炭企业环境绩效审计评价研究［D］．太原：太原理工大学，2013．

[157] 刘鹏．中国环保投资机制优化研究［J］．经济论坛，2009（9）：24-26．

[158] 刘永祥，张友棠，杨蕾．企业环境绩效评价指标体系设计与应用研究［J］．财会通讯，2011（13）：28-30．

[159] 刘仲文，张琳琳．日本《环境会计指南 2005》借鉴

与思考［J］. 经济与管理研究, 2007 (12): 78-84

［160］刘英焕. 环境友好指数的编制与实证分析［D］. 长沙: 湖南大学, 2012.

［161］吕峻, 焦淑艳. 环境披露、环境绩效和财务绩效关系的实证研究［J］. 山西财经大学学报, 2011 (1): 109-116.

［162］逯元堂, 等. 中国环保投资统计指标与方法分析［J］. 中国人口·资源与环境, 2010 (5): 96-99.

［163］马绮雯. 企业社会责任与财务管理模式创新［J］. 中国商论, 2015 (2): 28-30.

［164］马中东, 陈莹. 环境规制、企业环境战略与企业竞争力分析［J］. 科技管理研究, 2010 (7): 99-101.

［165］马慧颖, 杨志勇, 于晓菲. 环境成本核算方法应用的实证分析［J］. 绿色财会, 2011 (4): 32-35.

［166］马秀岩, 武献华, 钱勇. 可持续发展战略视角下的环保投资管理方式［J］. 财经问题研究, 2000 (4): 35-40.

［167］孟志华. 对我国环境绩效审计研究现状的评述［J］. 会计研究, 2011 (1).

［168］毛艺璇, 南楠. 环境绩效审计评价体系研究［J］. 企业技术开发, 2010 (21): 82-84.

［169］蒲敏. 低碳发展模式下企业环境会计信息披露模式探讨［J］. 商业时代, 2013 (15): 86-87.

［170］裴广川. 环境伦理学［M］. 北京: 高等教育出版社, 2002: 235.

［171］潘煜双, 魏巍. 价值链视角下制造企业的环境成本控制［J］. 财会月刊, 2013 (16): 36-39.

［172］彭婷. 企业运营 ISO14001 体系的环境绩效评价［D］. 上海: 东华大学, 2006.

［173］乔永波. 环境会计信息披露与公司绩效实证研究

[J]．科技管理研究，2015（18）：48-50.

[174] 秦颖，武春友．企业环境绩效与经济绩效关系的理论研究与模型构建[J]．系统工程理论与实践，2004（8）：111-116.

[175] 芮开春．企业环境绩效评价体系构建[D]．广州：暨南大学，2011.

[176] 孙金花．中小企业环境绩效评价体系研究[D]．哈尔滨：哈尔滨工业大学，2008.

[177] 孙冬煜．环保投资增长规律及其理论证明[J]．环境与开发，2001（4）.

[178] 苏明．我国环境保护的公共财政政策走向[J]．学习论坛，2009（1）：39-44.

[179] 沈满洪．环境经济手段研究[M]．北京：中国环境科学出版社，2001：8.

[180] 莎娜．企业环境战略决策及其绩效评价研究[D]．青岛：中国海洋大学，2012.

[181] 施平，吕小军．环境成本核算的演化与发展[J]．财政研究，2011（3）：61-66.

[182] 邵金鹏．我国注册会计师环境审计的运作模式研究[D]．青岛：中国海洋大学，2004.

[183] 施展．企业环境管理的绩效研究与实证分析[J]．台州学院学报，2009，31（2）.

[184] 史晓媛．国外环境管理会计的发展及借鉴[J]．财会月刊，2005（10）.

[185] 邵毅平．关于我国企业环境绩效信息披露问题的研究[J]．财经论丛，2004（2）.

[186] 赛娜，汤金伟．基于低碳经济的企业环境成本管理研究[J]．经济论坛，2014（5）.

[187] 宋子义．作业成本法下的环境成本核算研究[J]．

会计之友，2011（22）：67-69.

　[188] 谭帅. 我国企业的环境会计信息披露问题探讨 [D].
南昌：江西财经大学，2011.

　[189] 谭志雄. 我国环境保护投资运行效率评价研究 [D].
重庆：重庆大学，2007.

　[190] 陶勇. 论环境保护的财政政策选择 [J]. 财政研究，
2000（11）：8-9.

　[191] 唐华，陈慧妍. 上市公司环境绩效审计评价方法研
究 [J]. 财会通讯，2013（31）：90-92.

　[192] 田莉. 环境绩效审计方法研究面临的困惑及解决途
径 [J]. 商业文化，2012（5）.

　[193] 田翠香，刘祥玉，余雯. 论我国企业环境信息披露
制度的完善 [J]. 北方工业大学学报，2009（2）：11-16.

　[194] 吴舜泽，等. 中国环境保护投资失真问题分析与建
议 [J]. 中国人口·资源与环境，2007（3）：112-117.

　[195] 吴建祖. 不完全信息条件下企业 R&D 最优投资时机
的期权博弈分析 [J]. 系统工程理论与实践，2006（4）.

　[196] 吴德军，唐国平. 环境会计与企业社会责任研究
[J]. 会计研究，2012（1）：93-96.

　[197] 吴淑芳，张俊霞. 环境会计应用存在问题及对策
探讨 [J]. 商业经济，2013（10）：100-102.

　[198] 吴思仪. 企业环境绩效与财务绩效的协同研究 [D].
北京：北方工业大学，2010.

　[199] 吴凤翔. 企业环境成本的会计核算——基于作业成
本法的视角 [J]. 现代经济信息，2012（11）：153-154.

　[200] 吴玖玖. 基于信息公开的企业环境绩效评价及影响
因素研究 [D]. 上海：华东师范大学，2009.

　[201] 魏素艳，肖淑芳，程隆云. 环境会计：相关理论与

实务 [M]. 北京：机械工业出版社，2006：168-169.

[202] 卫倩. 煤电企业环境成本核算与控制研究 [J]. 会计师，2014 (9)：17-19.

[203] 王巍. 低碳经济视角下我国环境会计问题研究 [D]. 大连：东北财经大学，2011.

[204] 王泽淳. 低碳经济背景下如何推进环境会计发展 [J]. 商场现代化，2012 (9)：11-112.

[205] 王淑英. 基于循环经济模式的企业环境会计信息披露研究 [J]. 财会通讯，2012 (1)：9-11.

[206] 王彩凤. 企业环境绩效与经济绩效关系研究 [D]. 天津：天津理工大学，2008.

[207] 王超. 作业成本法在环境成本中的应用研究——以煤炭企业为例 [J]. 会计之友，2016 (4)：110-113.

[208] 王光远. 对 ABC 相关研究的回顾及其动因分析 [J]. 当代财经，1994 (6)：55-59.

[209] 王平心，张理靖. ABC 系统在制药企业的应用探讨 [J]. 现代审计与经济，2009 (5)：17-18.

[210] 王简. 成本管理的新领域——浅析我国企业环境成本控制 [J]. 北京工商大学学报（社会科学版），2004 (5)：20-23.

[211] 王京芳，陶建宏，张蓉. 基于生命周期的企业环境成本核算研究及实例分析 [J]. 科技进步与对策，2008 (8).

[212] 王普查，董阳，宿晓. 基于循环经济的企业环境成本控制研究 [J]. 生态经济，2013 (9)：116-120.

[213] 王金南，等. 环保投资与宏观经济关联分析 [J]. 中国人口·资源与环境，2009 (4)：1-6.

[214] 王子郁. 中美环境投资机制的比较与我国的改革之路 [J]. 安徽大学学报，2001 (6)：7-12.

[215] 王丽娅，张彦. 中国与欧盟部分国家环保投资的比较与经验借鉴 [J]. 海南金融，2011（1）：43-49.

[216] 王沫妍. 我国的环境会计探讨 [J]. 现代商贸工业，2014（1）：138-139.

[217] 王敏，李伟阳. 中央企业社会责任内容的三层次研究 [J]. 财政监督，2008（6）：14-15.

[218] 肖序. 环境会计理论与实务研究 [M]. 大连：东北财经大学出版社，2007：151-162.

[219] 肖序，胡科，周鹏飞. 论生命周期的环境作业成本法 [J]. 商业研究，2006（18）：49-51.

[220] 徐政旦. 审计研究前沿 [M]. 上海：上海财经大学出版社，2002：10.

[221] 邢俊芳. 绩效审计中国模式探索 [M]. 北京：中国财政经济出版社，2005.

[222] 谢荣富. 构建我国环境会计的八大障碍 [J]. 财会通讯，2003（8）.

[223] 肖序，毛洪涛. 对企业环境成本应用的一些探讨 [J]. 会计研究，2000（6）.

[224] 邢水英. 近年来我国环境绩效审计研究与进展 [J]. 科技资讯，2013（11）.

[225] 薛荣贵. 中小企业成本核算中作业成本法的应用 [J]. 财会通讯，2011（2）：139-140.

[226] 闫娜，罗东坤. 从壳牌公司的环境关注看企业环境战略的制约因素 [J]. 企业经济，2009（4）：63-66.

[227] 原先杰，于兆河. 基于低碳经济的环境会计研究 [J]. 财会通讯，2012（5）：32-36.

[228] 殷爱贞. 我国企业环境会计核算体系构建及应用思考 [J]. 财会通讯，2012（8）：52-54.

[229] 尹希果, 陈刚, 付翔. 环保投资运行效率的评价与实证研究 [J]. 当代财经, 2005 (7): 89-92.

[230] 姚利驹, 关云菲. 优化我国环保投资结构的若干建议 [J]. 沈阳大学学报, 2011 (4): 56-59.

[231] 杨艾. 低碳经济模式下企业会计信息披露研究 [J]. 财会通讯, 2011 (3): 21-22.

[232] 杨东宁, 周长辉. 企业环境绩效与经济绩效动态关系模型 [J]. 中国工业经济, 2004 (4): 43-50.

[233] 杨东宁, 周长辉. 企业自愿采用标准化环境管理体系的驱动力: 理论框架及实证分析 [J]. 管理世界, 2005 (2): 85-107.

[234] 杨婷. 内部环境绩效审计研究 [D]. 福州: 福州大学, 2005.

[235] 杨晓丹. 西方国家环境会计信息披露及对我国的启示 [J]. 商场现代化, 2009 (14).

[236] 杨智慧. 关于环境绩效审计定位问题的探讨 [J]. 会计之友 (上旬刊), 2009 (11): 45-47.

[237] 杨竞萌, 王立国. 我国环境保护投资效率问题研究 [J]. 当代财经, 2009 (9): 20-25.

[238] 杨竞萌. 国际经验对提高环保投资效率的启示 [J]. 环境保护, 2009 (18): 76-77.

[239] 干胜道, 钟朝宏. 国外环境管理会计发展综述 [J]. 会计研究, 2004 (10): 84-89.

[240] 于晓佳. 环境绩效与财务绩效关系研究——基于北京地区上市公司的经验证据 [D]. 北京: 北方工业大学, 2012.

[241] 于波. 环境绩效审计研究 [D]. 厦门: 厦门大学, 2008.

［242］余绪缨. 以 ABC 为核心的新管理体系的基本框架
［J］. 当代财经, 1994 (4)：54-56.

［243］余绪缨. 简论当代管理会计的新发展——以高科技
为基础、同"作业管理"紧密结合的"作业成本计算" ［J］.
会计研究, 1995 (7)：1-4.

［244］余海宗, 王博, 杨洋."以人为本"的环境成本控制
模型——基于长庆油田第四采气厂的案例分析 ［J］. 财经科学,
2014 (8)：129-140.

［245］甄国红. 基于作业管理的企业环境成本控制问题研
究 ［J］. 财会月刊, 2008 (14)：50-51.

［246］钟卫稼. 关于环境会计与低碳经济发展的思考 ［J］.
财会通讯, 2011 (8)：22-25.

［247］钟洪燕. 和谐社会背景下环境会计构建探析 ［J］.
会计之友, 2013 (5)：44-46.

［248］仲大军. 当前中国企业的社会责任 ［J］. 中国经济
快讯, 2002 (38)：26-27.

［249］周守华, 陶春华. 环境会计：理论综述与启示 ［J］.
会计研究, 2012 (2)：3-10.

［250］周建霞, 薛增芹. 环境审计的目的、现状及对策
研究 ［J］. 商业时代, 2007：50-51.

［251］周萍. 作业成本管理理论及其应用 ［J］. 财会研究,
2007 (7)：60-61.

［252］周成刚. 论环境保护的财政约束与现实选择 ［J］.
西部财会, 2009 (5)：10-14.

［253］朱纪红. 环境绩效指标在平衡计分卡中的应用 ［J］.
财会通讯（理财版）, 2008 (4)：122-123.

［254］朱晓林, 尚方方. 钢铁企业基于生命周期的环境
作业成本法核算研究 ［J］. 会计之友, 2014 (5)：67-71.

［255］张天力. 环境会计确认和计量研究［D］. 大连：东北财经大学, 2012.

［256］张倩. 低碳经济视角下环境会计的发展与对策研究［J］. 财会研究, 2013（1）：41-71.

［257］张洁. 我国上市公司环境会计信息披露问题研究［D］. 北京：北方工业大学, 2013.

［258］张祎. 我国管理会计发展的新方向：环境管理会计［J］. 会计之友, 2008（21）：14-15.

［259］张敬梅. 我国企业环境伦理建设研究［D］. 大庆：大庆石油学院, 2008.

［260］张蕊, 饶斌, 吴炜. 作业成本法在卷烟制造业成本核算中的应用研究［J］. 会计研究, 2006（7）：59-65, 94.

［261］张文华, 钱凤. 我国环境审计初探［J］. 中国青年政治学院报, 2002（3）：93-96.

［262］张丽丽, 孙翠丽. 基于层次分析法的环境绩效审计模式的构建［J］. Scientific Research, 2012.

［263］张茂华, 颜小龙. 基于平衡记分卡下的企业环境绩效评估［J］. 广东工业大学学报：社会科学版, 2008, 8（3）：25-27.

［264］张素蓉, 孙海军. 企业环境信息的披露及环境绩效评价分析——兼评河北钢铁集团环境绩效状况［J］. 北华航天工业学院学报, 2012（1）：22-27.

［265］张莹, 杜建国. 环保融资的现状分析及 TOT 模式探讨［J］. 现代管理科学, 2006（8）：101-102.

［266］《中国环境年鉴》编辑委员会. 中国环境年鉴［M］. 北京：中国环境出版社, 2006.

［267］翟金德, 王国聘. 和谐社会构建中的企业环境伦理责任探析［J］. 中国电力教育, 2009（8）（下）：254-256.

［268］翟佳琪, 田治威, 刘诚. 我国煤炭企业环境成本研究综述 ［J］. 会计之友 (中旬刊), 2010 (11)：56-57.

［269］郑晓青. 低碳经济企业环境成本控制：一个概念性分析框架 ［J］. 企业经济, 2011 (6)：53-56.

［270］庄希勋, 卢静. 基于作业成本法的水泥企业环境成本会计研究 ［J］. 商业会计, 2013 (2)：30-33.

［271］R A KENNETH. 哈佛管理论文集 ［M］. 孟光裕, 等译. 北京：中国社会科学出版社, 1985.

［272］迈克尔·福尔, 麦金·皮特斯. 气候变化与欧洲排放交易理论与实践 ［M］. 鞠美庭, 羊志洪, 郭彩霞, 黄访, 译. 北京：化学工业出版社, 2011.

［273］联合国统计署网站：http://unstats.un.org/unsd/snaa-ma/introduction.asp.

［274］环境管理会计国际网站：http://www.emawebsite.org/.

［275］中国生态环境部网站：http://www.zhb.gov.cn/.

附录

附录1　基于作业成本法的环境成本核算现状调查问卷

一、企业基本情况

1. 被调查企业名称：_____

注册地：_____

2. 您所在企业的性质：

（1）国有企业

（2）民营企业

（3）外资企业

3. 贵企业所属行业：

（1）食品加工制造业

（2）纺织行业

（3）化工行业

（4）造纸行业

（5）机械行业

（6）农药化肥行业

（7）电子元器件行业

（8）橡胶和塑料制品行业

（9）金属制品业

（10）计算机、通信和其他电子设备制造行业

（11）汽车制造行业

（12）医药制造行业

（13）酒、饮料和精制茶制造行业

（14）烟草制品行业

（15）废弃资源综合利用行业

（16）房地产业

（17）其他行业

4. 贵企业的规模在同行业中属于：

（1）大型

（2）中型

（3）小型

5. 您的职务：

（1）高层管理者

（2）部门负责人

（3）财务主管

（4）出纳

（5）会计

（6）普通员工

（7）其他

6. 您所从事工作的性质：

（1）高层管理

（2）财务管理

（3）生产管理

（4）技术工作

（5）销售业务

（6）其他

7. 贵企业生产主要产品的工序大约在：

（1）5个以内

（2）6~10个

（3）11~20个

（4）21个以上

二、企业的环保意识

1. 贵企业的环境污染程度：

（1）非常严重

（2）比较严重

（3）一般

（4）不严重

2. 您对ISO14001环境管理体系认证及贵企业是否通过该认证的了解：

（1）已通过

（2）未通过

（3）知道一些

（4）具体内容不详

（5）不清楚

3. 您怎样看待经济发展和环境保护的关系：

（1）不知道

（2）为了保护环境，宁可放慢发展速度

（3）环境保护与经济发展要协调进行

（4）不管任何时候，经济发展都排在第一位

4. 您认为环境污染的最主要原因：

（1）经济发展过快

（2）企业忽略环境问题

（3）人们环保意识太差

（4）政府监管力度不够

5. 您对政府环保部门当前环保工作的看法：

（1）非常满意

（2）比较满意

（3）一般

（4）不太满意

（5）很不满意

（6）不太清楚

6. 贵企业有单独的环境管理机构吗？

（1）有

（2）没有

7. 贵企业是否建立了环境管理文化：

（1）已建立

（2）尚在制定中

（3）未建立

8. 迄今为止，贵企业是否参与过有关环境保护方面的宣传教育：

（1）经常宣传

（2）偶尔宣传

（3）没宣传过

9. 关于环保方面的知识，您主要是通过下列哪种方式获得：

（1）电视广播

（2）书籍/杂志/报纸

（3）网络信息

（4）朋友企业的宣传教育活动

（5）社会宣传活动

10. 您认为哪种环境污染对您生活和工作影响最大：

（1）噪声污染

（2）水污染

（3）大气污染

（4）固体垃圾污染

11. 您是否了解环境成本的概念：

（1）非常了解

（2）略微了解

（3）听过而已

（4）不了解

12. 贵企业是否已经实施环境成本管理战略：

（1）已经实施

（2）尚在计划中

（3）未实施过

（4）不清楚

13. 您是否了解产品生命周期环境成本管理方法：

（1）非常了解

（2）略微了解

（3）听过而已

（4）不了解

三、环境成本控制方面

1. 贵企业是否已预算了环境保护独立经费：

（1）已预算

（2）尚在计划中

（3）未预算

2. 贵企业是否已设置了环保机构：

（1）已设置

（2）尚在计划中

（3）未设置

3. 贵企业的环境成本主要发生在哪个阶段：

（1）事前预防

（2）事中控制

（3）事后治理

4. 贵企业环境成本占总成本的比重（百分数）：

（1）20 及以下

（2）21~30

（3）31~40

（4）40 以上

5. 贵企业是否对环境成本单独核算：

（1）是

（2）否

（3）不确定

（4）正在计划

（5）其他

6. 贵企业是否已建立环境成本管理模型：

（1）已建立

（2）尚在计划中

（3）未建立

7. 贵企业是否能够对产品每一环节可能发生的环境成本进行量化：

（1）完全可量化

（2）部分量化

（3）完全不计量

8. 贵企业是否存在环保社会活动支出：

（1）非常多

（2）比较多

（3）一般

（4）很少

9. 贵企业是否为承担环保责任支付保险费：

（1）支付

（2）不支付

（3）不清楚

10. 贵企业目前采用的环境成本计算方法为：

（1）完全成本法

（2）作业成本法

（3）污染排放量和国家有关收费标准

（4）环境质量成本法

（5）其他

11. 贵企业的产品成本中环境成本包括：

（1）排污费

（2）环境污染治理费

（3）环保设施投资支出

（4）违反环保法规的处罚

（5）为符合环保要求发生的产品研发、开发费用

（6）临时性或突发性环保支出

（7）专门环保机构的经费

（8）环保社会活动的支出

（9）由于本行业工作环境的特殊性而给职工的补偿

（10）其他项目

12. 贵企业实施环境成本控制的原因：

（1）树立良好的企业形象，提高知名度

（2）减少环境污染罚款

（3）改善职工工作环境

（4）政府管理机构的强制要求

（5）迫于市场压力

（6）迫于社会公众和环保机构的压力

13. 贵企业领导层对环境成本的态度：

（1）非常重视

（2）重视

（3）一般

（4）不重视

（5）不知道

四、作业成本法在环境成本中的应用情况

贵企业生产几种产品：

（1）1 种

（2）2~3 种

（3）3~5 种

（4）5 种以上

2. 贵企业每种产品间是否有明显差异：

（1）有

（2）没有

3. 您对作业成本法的了解情况：

（1）很了解

（2）基本了解

（3）不太了解

（4）不了解

4. 您认为企业是否意识到了运用传统的成本分配方式会让产品成本信息扭曲：

（1）已意识到

（2）没意识到

5. 贵企业是否有意向进行作业成本核算：

（1）有，但还没实施

（2）没有意向

（3）正在运用

6.（二选一）

A. 如果贵企业运用了作业成本法，请回答下面问题：

a. 贵企业实施作业成本法的年数：

（1）1 年以下

（2）1~2 年

（3）3~5 年

（4）5 年以上

（5）企业成立以来渐进实施，无法确切知道实施年限

b. 贵企业实施作业成本法的原因：

（1）市场竞争的压力

（2）生产经营活动的复杂性

（3）原用成本计量方法不满足需求

（4）管理层重视成本管理工作

（5）制造费用增加

（6）提高了决策的正确性

c. 贵企业实施作业成本法的范围：

（1）公司整体

（2）只有公司一个或数个部门或高级管理阶层有实施

请勾选具体部门（可多选）：

□行政管理部门

□生产部门

□销售部门

□采购部门

□财务/会计部门

□人力资源部门

□技术/研发部门

□其他部门（请说明）

d. 贵企业划分的作业中心个数：

（1）5 个以下

（2）5~10 个

（3）10~20 个

（4）20 个以上

e. 贵企业成本动因总数合计为：

（1）10 个及以下

（2）11~20 个

（3）21~30 个

（4）31~50 个

（5）50 个以上

f. 您认为运用了作业成本法后，贵企业经营效益的改善程度：

（1）未改善

（2）未显著改善

（3）改善

（4）显著改善

B. 如果贵企业没有运用作业成本法，请回答下面问题：

您认为贵企业没有实施作业成本法的原因（可多选）：

（1）缺少技术和软件支持

（2）管理层不认同

（3）成本动因难以确认

（4）企业生产流程复杂

（5）数据信息难以搜集

（6）企业间接费用少，不需要

（7）其他

附录2　环境管理会计应用调查问卷

1. 贵企业名称：

注册地：

管理特点：

□集权

□分权

单位员工人数：

注册资本金：

被调查人职务	性别	年龄	学历	学位	工作年限	主要工作职责

2. 贵企业所属行业（勾选）：

（1）农副食品加工行业

（2）食品制造行业

（3）酒、饮料和精制茶制造行业

（4）烟草制品行业

（5）纺织行业

（6）纺织服装、服饰行业

（7）皮革、毛皮、羽毛及其制品和制鞋行业

（8）木材加工和木、竹、藤、棕、草制品行业

（9）家具制造行业

（10）造纸和纸制品行业

（11）印刷和记录媒介复制行业

（12）文教、工美、体育和娱乐用品制造行业

（13）石油加工、炼焦和核燃料加工行业

（14）化学原料和化学制品制造行业

（15）医药制造行业

（16）化学纤维制造行业

（17）橡胶和塑料制品行业

（18）非金属矿物制品行业

（19）黑色金属冶炼和压延加工行业

（20）有色金属冶炼和压延加工行业

（21）金属制品行业

（22）通用设备制造行业

（23）专用设备制造行业

（24）汽车制造行业

（25）铁路、船舶、航空航天和其他交通运输设备制造行业

（26）电气机械和器材制造行业

（27）计算机、通信和其他电子设备制造行业

（28）仪器仪表制造行业

（29）其他制造行业

（30）废弃资源综合利用行业

（31）金属制品、机械和设备修理行业

3. 贵企业有防粉尘、防噪音、防废液、防废气的环境保护、排污设施之类的固定资产吗？

（1）有

（2）没有

有的话，占固定资产总价值的比例大约为（　　　）

4. 环保性工程项目上马的原因：

（1）市里要求必须有

（2）自愿性投入形成

5. 贵企业经营历史上，有没有由于污染受过批评或处罚？

（1）有

（2）没有

6. 贵企业对 ISO14001 环境管理认证体系的了解：

（1）听说过

（2）知道一些

（3）具体内容不详

（4）不知道

7. 您怎样看待经济发展和环境保护的关系：

（1）不知道

（2）为了保护环境，宁可放慢发展速度

（3）环境保护与经济发展要协调进行

（4）不管任何时候，经济发展都排在首位

8. 您认为环境污染的最主要原因（按重要性排序）：

（1）经济发展过快

（2）企业忽略环境问题

（3）人们环保意识太差

（4）政府监管力度不够

9. 迄今为止，贵企业是否参与过有关环境保护方面的宣传教育：

（1）经常宣传

（2）偶尔宣传

（3）没宣传过

10. 您对政府环保部门当前的环保工作持什么看法：

（1）非常满意

（2）比较满意

（3）一般

（4）不太满意

（5）很不满意

（6）不太清楚

11. 贵企业是否设有单独的环境管理机构：

（1）有

（2）没有

贵企业是否设有环境管理专职人员：

（1）有

（2）没有

12. 请勾选您所了解的管理会计术语：

变动成本、固定成本	质量成本	责任成本	利润中心	责任中心
目标利润	产品寿命周期	成本预测规划	成本性态分析	本量利分析
作业分析	价值功能分析	变动成本法	作业成本法	目标成本法
成本加成定价法	边际贡献（创利额）	标准成本法	实际成本法	成本控制报告
战略成本	人力资本	JIT 适时制造	计算机一体化制造	柔性制造
全面预算	生产预算	净现值法	内含报酬率法	平衡记分卡

13. 您是否了解"环境成本"的概念：

（1）非常了解

（2）略微了解

（3）听过而已

（4）不了解

14. 贵企业是否已经实施环境成本管理战略：

（1）已经实施

（2）尚在计划中

（3）未实施

（4）不清楚

15. 您是否了解产品生命周期环境成本管理方法：

（1）非常了解

（2）略微了解

（3）听过而已

（4）不了解

16. 贵企业是否能够对产品每一环节可能发生的环境成本进行量化：

（1）完全可量化

（2）部分量化

（3）完全不计量

17. 贵企业是否存在环保社会活动支出：

（1）非常多

（2）比较多

（3）一般

（4）很少

18. 贵企业是否为承担环保责任支付保险费：

（1）支付

（2）不支付

（3）不清楚

19. 贵企业是否对环保方面的开支进行预测：

（1）预测且比较详细

（2）仅大致估算

（3）不做预测

20. 除了按规定指标进行评价外，贵企业把相关环保责任分解到：

（1）每个部门

（2）每个员工

（3）主要部门

（4）没有分解

21. 您认为管理会计方法在企业中具体运用推广：

（1）难度太大

（2）可以考虑

（3）不会用

22. 关于企业环境信息的对外披露平台，您认为哪种最合理：

（1）报纸上

（2）企业网站上

（3）政府环保部门网站上

（4）都可以

23. 企业进行环境信息披露的原因：

（1）完全自愿

（2）市场压力

（3）维护形象

（4）政府强制

24. 您认为管理会计知识对企业管理有帮助吗？

（1）有

（2）没有

25. 您是否想学习管理会计的相关知识：

（1）想

（2）不想

26. 您认为企业加强环境污染管理会提升企业形象吗？

（1）会

（2）不会

后　记

　　本书的构思、成稿历经数载，基本上是在我博士后出站研究报告的基础上扩展而来的。之前因为承担过山东省社科规划办项目（编号 08DJDJ07）"环境友好型社会下环境会计信息披露制度研究"，感觉有一些意犹未尽，总想从资源管理环境保护角度结合自己从事的会计学科深入研究，因而承担了校级重点项目（编号 13XSKA005）"环境管理会计方法应用的影响因素实证研究"，使我的一些想法更清晰。我在经历了紧张、忙碌、高压的博士生阶段后休整了四年，受向荣师妹的鼓励，随后申请进了本校资源与环境管理博士后流动站，同时申请了山东省教育厅"中青年优秀骨干教师中外合作培养项目"，作为访问学者在美国西密歇根大学经济系访学半年，感受了美国地广人稀、雾霾天少的自然环境，了解了当地卡拉马祖河当年被造纸厂污染的历史，不禁对祖国早日实现绿水青山充满信心和期待。

　　在博士后流动站工作期间，合作导师赵庚星教授为人谦和，严谨而低调。是他给了我自由研究的空间，给了我研究启发，在此特别感谢合作导师赵老师。同时，我一直在本校经济管理学院会计学系承担本科生"管理会计"（双语）、"财务成本管理"以及研究生"商业伦理与会计职业道德""会计学专题"、会计学实验、毕业论文指导等教学任务，我想如果能把研究与教学结合起来那就更完美了，所以我的博士后研究方向确定为环境管理会计研究。

在研究过程中，一手数据需要去企业实际调研才能取得。由于 2014 年经过选拔，我进入了学校所在市（泰安市）的首批会计领军人才培养计划，因而结识了不少企业、事务所、事业单位里的会计实务界专业人士，正是这些专家后来为我提供了研究上的便利和帮助，比如站在实务角度来填写调研问卷并对问卷提出改进建议、带领我和研究生参观他们的企业并提供管理制度、工艺资料、财务信息等研究素材和案例素材。在此特别感谢他们！他们是：泰安市财政局会计科池庆喜科长、时任同创股份财务总监谷才宝先生、泰安市德源联合会计师事务所高级经理王笃海先生、京卫制药（泰安）公司财务经理赵春梅女士、泰邦生物财务经理李虎先生等专家同仁。

感谢我的博士生导师胡继连教授，他一直提倡"教学和研究相结合"的研究理念，这个思想一直深刻地影响着我在这所以农科为重心的综合性大学里坚守会计研究阵地。他还建议我"沿着环境会计的方向深入研究"下去。感谢现任我院领导的陈盛伟教授，他对我的研究方向给予了鼓励和肯定。这几年还有我的同事董雪艳教授、袁建华教授、李永珍老师、吴金波副教授、张建英副教授、谷粟副教授、刘新芝副教授、范宁副教授、崔红老师、宗成刚老师、高露老师、资料室柴静老师等，他们或在我出国访学联系，或在工作排课排班，或在生活方面，或在共同进修学习、业余活动、资料查阅等方面都无私地帮助过我，在此真诚地感谢他们！

在成稿期间，我还得到了所带研究生的大力支持和帮助。有时他们根据我在研究方面的一句提示就认真努力地去查资料做研究！碰到这样懂事又有悟性的学生，真是我的幸福和幸运！在此感谢我的学生们，他们是：姜艳、朱田、王妍、李稳、李慧敏、张迪、刘佳、刘娇、董婕、肖宁、王堃宇、常倩倩、贾文军、姜凌宇、杜英琳、庄倩、禹佳君、麻光伟。

　　研究过程中，我参考了大量的参考文献，如果没有这些文献的作者们前期的辛苦劳动，我的后续研究将无从谈起，就像空中无法建起楼阁。在此衷心感谢这些参考文献的作者们！

　　和任何攻读学位的学子一样，家庭后方总有那么几个无怨无悔地支持你、关心你的人。感谢能理解我的家人们。他们一如既往地付出，包容我的缺点，留给我安心、静心的研究环境。

　　尽管书稿已成，但我感觉登山般的研究工作才刚刚起步。希望以此书为契机，我将再接再厉，更上一层楼。

杨美丽

2019 年 12 月于岱下